W0253366

Die in den Sitzungsberichten Abtlg. I und Abtlg. II der math.-nat. Klasse der Österr. Ak. d. Wiss. erscheinenden Abhandlungen werden auch einzeln abgegeben. Sie können durch jede Buchhandlung oder direkt durch die Auslieferungsstelle der Österreichischen Akademie der Wissenschaften (Wien I, Singerstraße 12) bezogen werden.

Nachfolgende Abhandlungen aus dem Fache **Botanik** (Biologie) sind erschienen:

**1957 (S I Bd. 166):**

Politis J.: Über die „Tanninoplasten" oder Gerbstoffbildner der Crassulaceae (mit 2 Textabbildungen und 1 Tafel). S 6.—

Politis J.: Über einen neuen Pflanzenfarbstoff in den Blüten einiger Verbascum-Arten (mit 2 Tafeln). S 5.20

Übeleis Ilse: Osmotischer Wert, Zucker- und Harnstoffpermeabilität einiger Diatomeen (mit 1 Textabbildung). S 30.40

**1958 (S I Bd. 167):**

Höfler Karl: Permeabilitätsstudien an Parenchymzellen der Blattrippe von Blechnum spicant (mit 5 Textabbildungen). S 45.—

Rechinger K. H., Dulfer H. und Patzak A.: Širjaevii fragmenta astragalogica IV. S 38.10

Url Walter: Zur Wirkung der Atmungsgifte Natriumazid und Dinitrophenol auf die Permeabilität von Blechnum spicant-Zellen (mit 3 Textabbildungen). S 25.—

Wawrik Friederike: Hochgebirgs-Kleingewässer im Arlberggebiet III (mit 3 Textabbildungen und 1 Tafel). S 18.90

**1959 (S I Bd. 168):**

Biebl Richard: Röntgenstrahlenwirkungen auf Commelinaceenstecklinge (Total- und Partialbestrahlungen) (mit 9 Tabellen und 5 Textabbildungen). S 31.20

Höfler Karl: Über die Gollinger Kalkmoosvereine (mit 1 Textabbildung und 1 Tafel). S 34.50

Höfler Karl und Fetzmann Elsa Leonore: Algen-Kleingesellschaften des Salzlackengebietes am Neusiedler See I (mit 1 Tafel). S 21.50

Hustedt Friedrich: Die Diatomeenflora des Salzlackengebietes im österreichischen Burgenland (mit 31 Textabbildungen und 1 Tafel). S 53.90

Luhan Maria: Zur Wurzelanatomie unserer Alpenpflanzen. IV. Compositae (mit 9 Textabbildungen und 4 Tafeln). S 36.90

Pfoser Karl: Vergleichende Versuche über Verholzungsreaktionen und Fluoreszenz (mit 2 Textabbildungen und 2 Tafeln). S 18.70

Rechinger K. H., Dulfer H. und Patzak A.: Širjaevii fragmenta astragalogica. S 29.40

Wendelberger Gustav; Die Vegetation des Neusiedler See-Gebietes. S 7.20

**1960 (S I Bd. 169):**

Bolay Erika: Die Vitalfärbung voller Zellsäfte und ihre cytochemische Interpretation (mit einer Textabbildung und 5 Tafeln). S 49.—

Ehrendorfer F.: Neufassung der Sektion Lepto-Galium Lange und Beschreibung neuer Arten und Kombinationen (zur Phylogenie der Gattung Galium, VII). S 12.—

Franz Gertrude: Die Mikroflora einiger Standorte im Leithagebirge in ihrer Abhängigkeit von Boden und Vegetationsdecke (mit 22 Textabbildungen). S 88.—

Pruzsinszky S.: Über Trocken- und Feuchtluftresistenz des Pollens (mit 12 Abbildungen auf 6 Tafeln). S 63.40

**1961 (S I Bd. 170):**

Fetzmann Elsalore, Vegetationsstudien im Tanner Moor (Mühlviertel, Oberösterreich) (mit 2 Textabbildungen und 2 Tafeln). S 170—3, S 23.—

Pruzsinszky Siegfried und Url Walter, Ein Beitrag zur Desmidiaceenflora des Lungaues. S 170—1, S 9.—

Rechinger K. H., Dufler H. und Patzak A., Širjaevii fragmenta astragalogica XIII. bis XVII. Teil. S 170—2, S 56.—

**1962 (S I Bd. 171):**

Niklfeld Harald, Über die Pflanzengesellschaften der Fels- und Mauerspalten Südfrankreichs (mit 1 Textabbildung und 1 Falttabelle) 171—23, S 52.—

Url Walter, Permeabilitätsversuche an Stengelepidermiszellen von Gentiana germanica und Gentiana ciliata (mit 3 Textabbildungen) 171—16, S 40.—

ISBN 978-3-662-24352-7 ISBN 978-3-662-26469-0 (eBook)
DOI 10.1007/978-3-662-26469-0

# De Cerastiis Florae Iranicae

## Vorarbeiten zur Flora Iranica Nr. 14

auctore

WILHELM MÖSCHL

Mit 6 Tafeln

(Vorgelegt in der Sitzung am 15. Dezember 1966)

## Einleitung

Herr Univ.-Prof. Dr. K. H. RECHINGER, Erster Direktor des Naturhistorischen Museums in Wien, regte mich an, die *Cerastien* des Gebietes, das seine FLORA IRANICA umfaßt, zu bearbeiten. Meine Arbeit behandelt deshalb die *Cerastien* des östlichen Irak, des Talysch und Kopet-Dagh in Rußland, Persiens, Afghanistans, West-Pakistans und deren Vorkommen bis Burma. — Da es sich um eine Vorarbeit für die FLORA IRANICA handelt, werden erst in dieser die von mir revidierten Belege genau veröffentlicht werden, während in der vorliegenden Arbeit nur die Fundgebiete und die Herbarien angegeben werden, aus denen ich Material gesehen habe.

Besonders zu danken habe ich Herrn Univ.-Prof. Dr. K. H. RECHINGER für seine vielfältige Unterstützung meiner Arbeit durch Übermittlung von Literatur, Entlehnung seines Materiales und Vermittlung von Material aus anderen Instituten. — Auch Herrn Univ.-Prof. Dr. FRIEDRICH EHRENDORFER, Vorstand des Institutes für Systematische Botanik der Universität in Graz, bin ich zu Dank verpflichtet für die Vermittlung von Material und die Erlaubnis, in seinem Institut arbeiten zu dürfen. Auch allen Instituts-Vorständen, welche mir Material (siehe das Verzeichnis der Herbarien) und Bücher (siehe Literaturverzeichnis) entliehen haben, danke ich für ihre liebenswürdige Hilfe. — Zu danken habe ich ferner Herrn Doz. Dr. WILHELM RÖSSLER, Assistent am Inst. f. syst. Botanik in Graz, für vielfältige Hilfe und meinen Kollegen, den Professoren Dr. ERICH ETZLER, IDA KRAMMER und Dr. GERTRUD LEDERER für Übersetzungen.

Bisher veröffentlichte ich Arbeiten über die *Cerastien* Iberiens (MÖSCHL, 1951 L und 1955) und Afrikas (1951 A und 1964) neben Arbeiten über einzelne Arten und Sippen (1933, 1936, 1938, 1943, 1948, 1949, 1953, 1957, 1961, 1962).

## Clavis artificialis

Numeri in ansis = (↗ 1a) ad quaestiones praecedentes reducunt.

1a Sepala omnia glabra, etiam pedicelli glabri (*C. alexeenkoanum*, *C. cerastoides*, *C. chloraefolium*, *C. davuricum*, *C. perfoliatum*, *C. persicum*) .......... 2

1b Sepalum extremum pedicellusque vel pedicellus solus ± pilis diversis vestita sunt (biotypi pilosi *C. cerastoidis* et *C. davurici*, etiam species aliae) .......... 7

2a (↗ 1a) Semper sine petalis. Pedicelli sepalis breviores vel iisdem aequilongi. Dentes capsulae semper erecti typo «*Orthodon*»: *C. alexeenkoanum* SCHISCHKIN.

2b (↗ 1a) Semper flores omnes cum petalis .......... 3

3a (↗ 2b) Petala sepalis longiora. Styli (0,7)—2—5 mm longi (*C. cerastoides*, *C. chloraefolium*, *C. davuricum*) .......... 4

3b (↗ 2b) Petala sepalis breviora vel aequalia. Styli 0,5—1,5 mm longi (*C. perfoliatum*, *C. persicum*) .......... 6

4a (↗ 3a) Species annua filamentis ciliatis:
*C. chloraefolium* FISCHER & M.

4b (↗ 3a) Species perennes filamentis glabris .......... 5

5a (↗ 4b) Folia superiora caulorum floriferorum ± linearia, c. 5—10 mm longa. Petala glabra. Styli (5)—3. Capsula usque ad 9 mm longa, nervis dentibusque (10)—6. Caules c. 5—15 cm adscendentes:
*C. cerastoides* (L.) BRITTON

5b (↗ 4b) Folia superiora caulorum floriferorum ± late-ovata apicibus acutis, c. (30)—40—80—(90) mm longa. Petala in basi ciliata. Styli 5. Capsula c. 15—25 mm longa, nervis 20 in basi et dentibus 10. Caules c. (20)—60—(100) cm alti:
*C. davuricum* FISCHER

6a (↗ 3b) Bracteolae infimae in basi ad pateram concretae. Folia superiora caulis floriferi ± anguste ovata vel ovato-lanceolata et in basi distincte concreta. Filamenta c. 3,5—4 mm longa. Capsula usque ad 28 mm longa, nervis 20 in basi, dentibus 10. Semina obscure brunnea:
*C. perfoliatum* LINNAEUS

6b (↗ 3b) Bracteolae infimae in basi vix connata. Folia superiora ± linearia in basi vix connata. Filamenta c. 1—2 mm longa. Capsula usque ad 10 mm longa, nervis 6 a basi ad dentes percurrentibus, dentibus 6. Semina subflava:
*C. persicum* BOISSIER

7a (↗ 1b) Styli (5)—3. Dentes capsulae (10)—6 .......... 8

7b (↗ 1b) Styli semper 5. Dentes capsulae semper 10 .......... 9

8a (↗7a) Species annua. Styli c. 0,5—1,5 mm longi. Caules erecti: *C. dubium* (BAST.) GUEPIN

8b (↗7a) Species perennis. Styli c. 2—5 mm longi. Caules infimis internodiis procumbentes, tamen ad inflorescentiam adscendentes: *C. cerastoides* (L.) BRITTON (Specimina glabra vide sub nr. 5 clavis).

9a (↗7b) Species annuae (*C. balearicum*, *C. dichotomum*, *C. fragillimum*, *C. glomeratum*, *C. glutinosum*, *C. inflatum*, *C. longifolium*, *C. luridum*, *C. microspermum*, *C. multiflorum*, *C. nemorale*, *C. pentandrum*, *C. semidecandrum*) . . . . . . . . . . . . . . . 10

9b (↗7b) Species perennes (*C. argenteum*, *C. davuricum*, *C. falcatum*, *C. gnaphalodes*, *C. holosteoides*, *C. multiflorum*, *C. purpurascens*, *C. Thomsoni*) . . . . . . . . . . . . . . . . . . . . . . . . . . . 21

10a (↗9a) Pedicelli sepalis breviores vel iisdem aequilongi. Dentes capsulae semper erecti typo «*Orthodon*» (*C. dichotomum*, *C. glomeratum*, *C. inflatum*) . . . . . . . . . . . . . . . . . . . . . . . . . 11

10b (↗9a) Pedicelli sepalis distincte longiores . . . . . . . . . . . . . . 13

11a (↗10a) Apex sepali extremi sine pilis glanduliferis, solum cum pilis eglandulosis. Flos infimus semper sine petalis, flores superiores cum vel sine petalis. Filamenta omnia semper glabra, 1—2 mm longa. Diameter seminum c. 0,5 mm. Verrucae seminis c. 0,01—0,02 mm altae. Placenta bacillaris: *C. glomeratum* THUILLIER

11b (↗10a) Sepalum extremum ad apicem pilis glanduliferis vestitum. Flores omnes cum petalis. Filamenta omnia ciliata in basi, 2,5—3,5 mm longa. Diameter seminum c. 1—1,4 mm. Verrucae seminis c. 0,05—0,06 mm altae. Placenta radiata . . 12

12a (↗11b) Calyx maturus distincte inflatus est: *C. inflatum* LINK

12b (↗11b) Calyx etiam maturus numquam inflatus est: *C. dichotomum* LINNAEUS

13a (↗10b) Bracteolae infimae iam modo sepalorum supra glabrae et nitidae (*C. balearicum*, *C. glutinosum*, *C. semidecandrum*) 14

13b (↗10b) Bracteolae infimae (et saepe sequentes superioresque) formâ foliorum caulis et eodem modo utrimque pilosae, semper sine apice scarioso (*C. fragillimum*, *C. longifolium*, *C. luridum*, *C. microspermum*, *C. multiflorum*, *C. nemorale*, *C. pentandrum*) . . . . . . . . . . . . . . . . . . . . . . . . . . . . . . . . . 16

14a (↗13a) Bracteolae infimae saepe solum scarioso-marginatae; apex scariosus non longior quam $^1/_5$ longitudinis bracteolae. Petala semper biloba, ad $^1/_4$ longitudinis incisa, numquam denticulata: *C. glutinosum* FRIES.

14b (↗13a) Bracteolae infimae et semper sequentes apice scarioso; apex scariosus $^1/_3$—$^1/_2$ longitudinis bracteolae .......... 15

15a (↗14b) Petala semper filamentis evidenter longiora, saepe calyci aequilonga; breviter biloba aut interdum denticulata:
*C. semidecandrum* LINNAEUS

15b (↗14b) Petala filamentis aequilonga vel breviora, acute denticulata vel integra, rarissime biloba:
*C. balearicum* HERMANN

16a (↗13b) Petala filamentis aequilonga vel breviora, acute denticulata vel integra lanceolataque, semper glabra:
*C. pentandrum* LINNAEUS

16b (↗13b) Petala semper biloba et filamentis longiora, saepe in basi ciliata .......... 17

17a (↗16b) Sepalum extremum barbulatum semper pilis eglandulosis distincte superatum. Petala ad basim semper ciliata:
*C. luridum* GUSSONE

17b (↗16b) Sepalum extremum non barbulatum, tametsi pilis nonnullis interdum minime superatum. Petala glabra vel ciliata .......... 18

18a (↗17b) Filamenta 1,5—2 mm longa. Petala semper glabra:
*C. fragillimum* BOISSIER

18b (↗17b) Filamenta 3—7 mm longa. Petala plerumque ciliata vel interdum glabra .......... 19

19a (↗18b) Pedicelli maturascenti modo arcus sursum curvati. Filamenta sepalis proposita semper paniculate et alia normaliter ciliata, 4—4,5 mm longa. Dentes capsulae typo «*Orthodon*». Folia anguste ovata vel fere ensiformia:
*C. longifolium* WILLDENOW

19b (↗18b) Pedicelli maturascenti non curvati, sed indeflexi. Dentes capsulae typo «*Strephodon*» .......... 20

20a (↗19b) Cellula summa pilorum glanduliferorum ± clavata usque ad ± globosa. Petala ciliata vel interdum glabra:
*C. microspermum* C. A. MEYER

20b (↗19b) Cellula summa pilorum glanduliferorum ovoidea usque ad ellipsoidea. Petala semper dense ciliata:

*) Folia superiora anguste ovato-lanceolata usque ad lanceolata, c. 20—50 mm longa. Calyx post anthesin in pedicello ± rectangule nutans. Petala calyci ± aequilonga. Filamenta 3—4 mm longa. Diameter seminum 0,8—1,2 mm. Species annua, c. 25—75 cm alta:
*C. nemorale* M. a BIEBERSTEIN

**) Folia superiora ± anguste ovata, c. 15—17 mm longa. Calyx etiam post anthesin cum pedicello lineam indeflexam confingens. Petala 1,5—2-plici longitudinis calycis. Filamenta 5—7 mm longa. Diameter seminum 1,2—1,4 mm. Secundum diagnosem originalem species annua, at certe species perennis ut auctoribus diversis et mihi videtur:

*C. multiflorum* C. A. MEYER

21a (↗9b) Sepala pedicellique non lanuginosa, saepe glandulosa. Pili non inter se texti .............................. 22

21b (↗9b) Sepala pedicellique lanuginosa pilis crispulis et semper eglandulosa .............................. 27

22a (↗21a) Filamenta glabra (*C. davuricum*, *C. falcatum*, *C. holosteoides*, *C. Thomsoni*) .............................. 23

22b (↗21a) Filamenta ciliata (*C. multiflorum*, *C. purpurascens*). 26

23a (↗22a) Petala vel sepalis breviora vel iisdem aequilonga. Styli c. 1,3—1,5 mm longi et fere ad basim papillosi:

*C. holosteoides* FRIES, ampl. HYL.

23b (↗22a) Petala sepalis semper longiora. Styli c. 2—4 mm longi et solum supra dimidium papillosi .................... 24

24a (↗23b) Folia omnia ± lineari-lanceolata, in margine pilis pumilis eglandulosisque serrulato-scabra. Species eglandulosa:

*C. falcatum* BUNGE

24b (↗23b) Folia superiora neque linearia neque in margine pilis serrulato-scabra. Species saepe glandulosae .............. 25

25a (↗24b) Folia superiora caulorum floriferorum ovato-lanceolata, (30)—45—80—(90) mm longa, in basi ± amplexicaulia. Petala in basi ciliata. Dentes capsulae revoluti typo «*Strephodon*». Placenta racemosa. Diameter seminum c. 1,5 mm:

*C. davuricum* FISCHER

25b (↗24b) Folia superiora caulorum floriferorum ± oblonge elliptico-lanceolata, c. 23—37 mm longa. Petala glabra. Dentes capsulae erecti typo «*Orthodon*». Diameter seminum c. 0,9—1 mm. Placenta bacillaris:

*C. Thomsoni* HOOKER

26a (↗22b) Folia ovato-lanceolata apice acuto. Capsula c. 14—15 mm longa et in basi dentium diametro c. 3—3,5 mm. Dentes capsulae revoluti typo «*Strephodon*». Diameter seminum c. 1,4—1,6 mm. Species perennis vel annua? (vide etiam nr. 20b inter species annuas!):

*C. multiflorum* C. A. MEYER

26b (↗22b) Folia oblonge anguste elliptica («*C. elbrusense*») vel ovato-lanceolata vel ± lineari-ensiformia. Capsula c. 16—22 mm longa et in basi dentium diametro c. 2—2,5 mm. Dentes capsulae erecti typo «*Orthodon*». Diameter seminum c.

1—1,2—(1,5) mm. Species perennis:

*C. purpurascens* ADAM

27a (↗21b) Folia superiora oblongo-lanceolata, c. 3—9 mm longa et c. 1—3 mm lata:

*C. gnaphalodes* FENZL

27b (↗21b) Folia superiora vel omnia linearia (c. 20—50 mm longa et c. 2—3 mm lata) et margine revoluta:

*C. argenteum* BIEBERSTEIN

## Cerastia Iranica

(Index nominum legitimorum ceterorumque secundum ordinem alphabeticum). Numerus in enumeratione speciminum post abbreviationem herbarii positus = numerus revisionis auctoris MÖSCHL.

***Cerastium alexeenkoanum*** SCHISCHKIN 1936/A: 167—168, 173/fig. 1, «Tadzhikistania. Ad fl. Pjandzh prope pag. Schitkarv, in pratis, alt. ca. 2800 m Fl. et fr., 27. 7. 1911, No 3304. Leg. TH. ALEXEENKO.» — Typus: LE (non vidi; solum figuram citatam vidi) sec. SCHISCHKIN 1936/F: 452.

Adhuc e regione tractata non citatum est.

Species annua, c. 6—15 cm alta, tota glabra. — Folia superiora ± lanceolato-elliptica, c. 6—12 mm longa et 3—5 mm lata. — Bracteolae infimae foliaceae, c. 6—10 mm longae et 3—5 mm latae. — Pedicellus primarius fructifer calyce brevior vel aequalis. — Petala nulla. — Filamenta 5, glabra, c. 1,5 mm longa; antherae c. 0,15 mm longae. — Styli 5, c. 0,4—0,5 mm longi. — Capsula matura subincurva, c. 6—6,5 mm longa, dentibus 10 siccis in marginibus lateralibus revolutis typo «Orthodon». — Placenta bacillaris cum funiculis brevibus. — Semina chondrospermia, flava, diametro 0,5—0,6 mm. Verrucae seminum c. 0,015—0,03 mm altae, cumuliformes.

*C. alexeenkoanum* mea opinione ad gregem *C. glomerati* THUILL. pertinet, a quo solum glabritate sua diversum est ut *C. macilentum* ASP. a *C. semidecandro* L., qua re *C. alexeenkoanum* etiam «*C. glomeratum* THUILL., subsp. *alexeenkoanum* (SCHISCHKIN)» nominari posset.

Distributio gen. speciei: «Tadzikistan» (URSS) et «Badakhshan» (NE-Afghanistan). — Species crescit in regione tractata in altitudine 3300 m. — Tab. VI.

Specimen visum:

40°—35° N et 70°—75° E = 11 K¹ = NE-Afghanistan, prov. Badakhshan, oberes Anjuman-Tal (PODLECH—12391: M 15308 + Mö 15308).

*C. alpinum* LINNAEUS 1753: 438—439: Haec species cum *C. gnaphalodi* FENZL (forsan in Kurdistaniae regionibus) et cum *Cerastio Thomsoni* HOOKER confundi potest.

*C. anomalum* WALDSTEIN & KITAIBEL e WILLDENOW 1799: 812 et WALDSTEIN & KITAIBEL 1802: 21, non SCHRANK 1795: 73—74, = *C. dubium* (BASTARD 1812: 24) GUEPIN 1830: 267 sec. MÖSCHL 1964: 53—55. — Citatur in BLAKELOCK 1949: 396 (Iraq), BORNMÜLLER 1910/K: 89, BUHSE 1860: 42, FENZL 1842/R: 398, GILLI 1963: 258, KOMAROV 1952: 280—281, PARSA 1951: 1208 — 1209, SCHISCHKIN 1936/F: 439.

***C. argenteum*** BIEBERSTEIN 1808: 361 «in collibus siccis Iberiae, circa Tiflin. ♃» et 1819: 320. — Typum non vidi: LE sec. SCHISCHKIN 1936/F: 464. — Vidi specimen *C. argentei* hoc: «*Cerastium grandiflorum* KIT. Somchetia. Mis. HOHENACKER 1839» (in herb. TRAUTVETTER: LE 14463). Ea de causa esse potest, ut *C. grandiflorum* HOHENACKER 1838: 404 (prope Hilledere in tr. Suwant) ad *C. argenteum* BIEB. ponendum sit, quoniam etiam BOISSIER 1867: 727 in textu *C. grandiflori* citat «prov. Talysch (MB. HOH!)».

Species perennis, c. 12—34 cm alta, eglandulosa, plerumque lanata (saepe incana) vel interdum ± glabra. — Cellula summa pilorum eglandulosorum acuminata est. — Folia linearia, c. 20—55 mm longa et 1,5—2,5 (—3,5) mm lata, si non tota glabra subtus semper incaniora quam in superficie. — Bracteolae omnes supra glabrae et apice scarioso. — Pedicellus primarius c. 10—25 mm longus, fructifer ± erectus. — Petala 5, glabra, 2-plici longitudine calycis, biloba. — Filamenta 10, glabra, rarissime ciliata, 4—6 mm longa; antherae 1,1—1,2 mm longae. — Styli 5, c. 3 mm longi. — Capsula matura dentibus 10, siccis in apice interdum circinato-revolutis typo «*Strephodon*». — Semina physospermia. Verrucae seminum usque ad 0,03 mm altae.

*Distr. gen. speciei*: «Daghestan» (in Caucaso orientali), Armenia rossica et a regione transcaucasica circa «Tiflis» ad «Talysch». Crescit in collibus et in saxosis.

***C. balearicum*** HERMANN 1913: 247 «Aufstieg zum Puig mayor» (auf Majorka). — Typus: «Flora von Majorka. Gesammelt von F. HERMANN. 6. Juni 1912. Puig mayor, in Geröll über der 2. Quelle. *Cerastium Balearicum* mihi» (vidi: He). — Vide: MÖSCHL 1949: 44—52 et 1964: 43—44.

Citatur in GILLI 1963: 258 (= *C. pentandrum* L. e descr. et e specimine viso: W 12330), BLAKELOCK 1957: 186 (in textu

*C. semidecandri* L.), MÖSCHL 1949: 50 + 58 (fig. 50: 11 G²; = *C. semidecandrum* L.). — *C. dentatum* MÖSCHL 1933: 230—234 et 1934: 80 (corr. err.), VVEDENSKY 1953: 356.

Species annua, c. 3—12 cm alta, pilosa glandulosaque. — Cellula summa pilorum glanduliferorum brevi-clavata usque ad globosa. Cellulae pilorum eglandulosorum apicem eorum versus plerumque longitudine progrediente sunt, in exsiccando formam non mutant; cellula summa acutissima est. — Folia superiora ovata vel oblongo-ovata vel elliptica, utrimque pilosa et interdum etiam glandulosa, c. (3)—5—8,5 mm longa et (1)—3—4,5 mm lata. — Bracteolae infimae fere semper et semper superiores supra glabra, apice scarioso (ad $^1/_3$—$^1/_2$ longitudinis bracteolae). — Pedicellus primarius post anthesin plerumque refractus, fructifer ± erectus. — Sepalum extremum in apice hyalino-membranaceum et saepe laciniatum, subtus pilosum glandulosumque. — Petala 5, glabra, filamentis breviora vel aequilonga, acute denticulata vel integra lanceolataque. — Filamenta 5, glabra, c. 1,5—2,3 mm longa; antherae usque ad 0,3 mm longae. — Styli 5, c. 1 mm longi. — Capsula matura subincurva, dentibus 10 siccis in marginibus lateralibus revolutis typo «*Orthodon*». — Placenta matura bacillaris funiculis brevibus. — Semina chondrospermia, dilute brunnea, diametro 0,3—0,6 mm. Verrucae seminum usque ad 0,02 mm altae, cumuliformes vel conoides. — Vide apud *C. pentandrum* L. et *C. semidecandrum* L. de diversitate a *C. balearico*.

*Regio gen. speciei:* Africa septentrionalis, regiones mediterraneae Asiae occidentalis et Europa australis (excepta peninsula Apenninica, Sardinia, Sicilia). — In Australia australi adventitium inventum est. — Species crescit in regione tractata in altitudine 250 m, in arenosis fluminis. — Tab. VI.

Specimina visa citataque:

40°—35° N et 40°—45° E = 11 G¹ = Iraq: Great Zab, 5 km of Kau Gossik, Arbil liwa (GILLETT—10525 «*C. semidecandrum*» sec. BLAKELOCK 1957: 186).

40°—35° N et 55°—60° E = 11 H² = Kopetdag (VVEDENSKY 1953: 356 — *C. dentatum*).

*C. barbulatum* WAHLENBERG 1814: 137 = *C. brachypetalum* DESP. + *C. glomeratum* THUILL. sec. LONSING 1939: 157/489 (in textu *C. brachypetali*). — Solum in scheda = *C. glomeratum* THUILL.: Persia (BLUM: LE 14545).

*C. blepharophyllum* «FISCHER et MEYER in HOHENACK. Enum. Talüsch. p. 167» apud FENZL 1842/R: 403 = *C. blepharostemon* FISCHER et MEYER ex HOHENACKER 1838: 167/403 ex opere citato.—

Citatur in WILLIAMS 1899: 122. — Non citatum in IND. KEW. 1893 incl. SUPPL. I—XII (1901—1959).

*C. blepharostemon* FISCHER et MEYER ex HOHENACKER 1838: 403 «In pratis sylvaticis versus tr. Suwant. Floret Junio m.» (in prov. Talysch). — Specimina auth. vidi: G («Taliisch. Ms. C. A. MEYER»), LE 14353 («Stellaria holostea affine? Juny dürre steinige Stellen bey Hilladere in Suwant. *Cerast. blepharostemon* F. & MY. Talysch, Suwant. HOHENACKER»). — Species haec ad *C. longifolium* WILLDENOW 1799: 814 (non *C. longifolium* POIRET 1811: 164—165 nec TENORE 1811—1815: XXVII) ponendum est. — Citatur: *C. blepharophyllum* (vide hoc). — *C. blepharostemon* in textu *C. longifolii* apud BOISSIER 1867: 722 et PARSA 1951: 1214. — *C. blepharostemon* WILLIAMS 1899: 122.

***C. brachypetalum*** DESPORTES e PERSOON 1805: 520 «in agris prope Cenomanum (Mans) et alibi. DESPORTES». — Reproductionem phototypicam vidi (P 10756).

Citatur in BLAKELOCK 1957: 185, BORNMÜLLER 1911: 150.

*C. brachypetalum* maxime affine *C. lurido* GUSS. et ab hoc difficillime diverti potest, ea de causa hae species saepe confunduntur et ab auctoribus multis nomine «*C. brachypetalum* DESP.» conjunguntur. Secundum investigationem v. cl. LONSING 1939: 160/492 hae species solum diversae in numero ciliarum in filamentis. In *C. brachypetalo* semper filamenta omnia satis cum numero simili ciliarum vestita sunt. Praeter hoc nullum signum certum esse LONSING l. c. dixit. *C. brachypetalum* DESP. s. str. e Asia Minore et e regione tractata non vidi, qua re ego specimina a BLAKELOCK 1957: 185 et BORNMÜLLER 1911: 150 citata ad *C. luridum* GUSS. posui (vide hoc).

*Regio gen. speciei:* Africa septentrionalis, Europa (etiam in Britannia et Hollandia; ex archipelagis «Acores» et «Madeira» non cognitum). — In America boreali (Virginia) adventitium inventum est.

*C. caespitosum* GILIBERT 1782: 159 = *C. holosteoides* FRIES (1817: 52), ampl. HYLANDER 1945: 150—151.

Citatur in KOMAROV 1952: 290, PARSA 1951: 1216—1217, RECHINGER 1941: 393, SCHISCHKIN 1936/F: 455.

***C. cerastoides*** (LINNAEUS 1753: 422 «*Stellaria Cerastoides*») BRITTON 1894: 150—151 («in alpibus lapponicis, horto Dei monspeliensi» sec. LINNAEUS 1753: 422); typus: LINN(GZU/IDC: vidi). Confer MÖSCHL 1964: 48—49.

Citatur: *C. cerastoides* BLAKELOCK 1949: 396 (Irak) et 1957: 185, BORNMÜLLER 1911: 150 + 1914: 365, GILLI 1963: 258, MIZUSHIMA 1960: 110 + 1964: 48 + 1966: 88, NABELEK 1923: 49, PARSA 1951: 1209, SCHISCHKIN 1936/F: 436, WENDELBO 1952: 27. — *C. cer.* var. *Lalesarense* BORNMÜLLER 1911: 150, PARSA 1951: 1209—1211. — *C. cer.* (var.) γ. *parviflorum* (LEDEB.) BORNMÜLLER 1911: 150 + 1914: 365, NABELEK 1923: 49, PARSA 1951: 1209—1211. — *C. elegans* FISCHER (vide hoc). — *C. persicum* BOISSIER? (vide hoc). — *C. Schischkinii* GROSSHEIM? (vide hoc). — *C. trigynum* VILLARS (vide hoc). — *Leucostemma angustifolium* (vide hoc). — *Stellaria cerastoides* (vide hoc). — *Stellaria decumbens* (vide hoc). — *Stellaria elegans* (vide hoc). — Combinatio nova (adhuc non citata): *Arenaria trigyna* (VILLARS 1779: 48) SHINNERS1962: 51.

Species perennis, (2)—10—15—(20) cm alta, ± stolonibus repens, glabra vel pilosa glandulosaque. — Cellulae pilorum ± longitudine aequali brevesque, in exsiccando formam non mutant. Cellula summa pilorum eglandulosorum (fig. 25—26) semper obtusa et vix longior reliquis, pilorum glanduliferorum (fig. 1) brevi-clavata usque ad ± globosa. — Folia superiora oblongo-lanceolata, c. 6—8(—13) mm longa et 1,3—1,8(—2,5) mm lata, plerumque glabra vel rarissime glandulosa. — Caules pilis brevibus obtusisque unifariam vestiti et in superiore parte saepe glanduliferi, rarissime glabri. — Pedicelli semper fere glandulosi vel rarissime eglandulosi vel glabri, post anthesin saepe reflexi, fructiferi erecti. — Sepalum extremum plerumque ± glandulosum vel interdum glabrum. — Petala (1)—1,2—2-plici longitudine sepalorum, alba, glabra, obcordata. — Filamenta (2)—4—5 mm longa, glabra; antherae c. (0,3)—0,7—1,2 mm longae. — Styli (fig. 71) (0,7)—2—5 mm longi et interdum in eodem individuo (5)—3. — Capsula (fig. 83) ± recta, usque ad duplicem longitudinem calycis, (10)—6 dentibus typo «*Dichodon*» saepe spiraliter revolutis. — Placenta (fig. 94) bacillaris usque ad racemosa fere. — Semina (fig. 46—47) diametro c. (0,7)—0,9—1,2 mm, chondrospermia, verrucis (fig.48—50) altitudine variabili [usque ad 0,06—(0,17) mm altae], interdum physospermia fere, subflava.

Partes defractae speciei cum partibus *C. dubii* confundi possunt. — *C. cerastoides* interdum cum *C. elbrusensi* BOISS., *C. Thomsoni* HOOKER, *C. arvensi* L. confunditur, quae capsulas typo «*Orthodon*» et semina ferruginea habent. — Sec. WILLIAMS 1898: 374 species glandulosissima *Arenaria melandryoides* EDGEWORTH regionis «Sikkim Himalaya» habitu *C. cerastoidis* est. Etiam *Arenaria Griffithii* BOISS. («Yarkand-Exped. — 1870»: K 15118b) cum *C. cerastoidi* confunditur.

*Distr. gen. speciei:* Montes Africae septentrionalis, Asiae, Europae, Americae septentrionalis et descendens ad 0 m supra mare in regionibus subarcticis. — Species crescit in regione tractata (Tab. III) in locis scaturiginosis, in pascuis turfosis, in associatione «*Cobresietum schoenoidis*» et in glareosis (sec. GILLI 1963: 258), prope a rivulo (BORNMÜLLER 1897: 289 «*C. trigynum* β *Lalesarensis*»), in locis multos menses nive obrutis, in altitudine c. 2300—4320 m (sec. PODHORSKY 1939: 80 in montibus «Karakorum» usque ad 5450 m).

*C. cerastoides* forma *cerastoides* (sec. CODE 1961): Sepalum extremum et pedicellus saltem pilis diversis vestiti. Folia glabra vel rarissime glandulosa. Forma abundans. Typus formae = typus speciei. — Syn.: *C. cerastoides* var. γ *parviflorum* (LEDEB.) BORNMÜLLER 1911: 150 et var. *Lalesarense* BORNM. l. c. pro parte (e specim. visis: G 14646, LE 14513a). — Distributio formae = distr. gen. speciei.

*C. cerastoides* forma *glabrum* (KOTULA in herb.) MÖSCHL, comb. n.: Sepala omnia et pedicelli glabri, etiam planta tota plerumque glabra. Forma rarior. Typus: *Stellaria cerastoides* (var.) a) *glabra* KOTULA in herb. [textus schedae originalis «*Cerastium trigynum* VILL. α) *glabrum* Tatra: Krummholz ober dem Czarny staw gasienicowy 25/7—79., 81, 2312. — *Stell.. cerastoides* v. *glabra* KOTULA. ZPL.»: KRA 15336 = specimen totum glabrum] e ZAPALOWICZ 1911: 59 [«W Tatrach: powyzej Czarnego Stawn Gasienicowego (KOTULA)»]. — Syn. *C. cerastoides* var. *Lalesarense* BORNMÜLLER 1911: 150 (Kuh-i-Lalesar, no. 2304, leg. BORNMÜLLER a. 1892: «*C. trigynum* VILL. β. *Lalesarense*») pro parte e descr. (specimina, quae vidi, non in totum glabra sunt: G 14646, JE 14856, LE 14513a). — Distr. gen. formae: Talysch, Iran, Iraq: Kurd. — Europa: Galizien.

Ambae formae saepe permixte crescunt et individua in calyce et pedicello pilis sparsissime vestita producunt. — FENZL 1842/R: 396—397 *C. trigyni* neque formam neque lusum in totum glabrum descripsit. NORMANN 1893: 18—19 in descriptione «*C. trigynum* f. *subglaberrima*» de pilositate calycis nota non fecit.

Specimina visa citataque (g = *f. glabrum*; sine nota = *f. cerastoides*): 40°—35° N et 40°—45° E = 11 G¹ = Iraq: Kurdistan, distr. Erbil (G 14644 = g, JE 14857 = g, W 10338 = g), Quandil Range (BM 10244 = g, K 15064 + 15065), Arl Gird Dagh (BLAKELOCK 1949: 396. — K 15063). Kurdistania turcica: distr. Ramoran, Taurus Armenus, distr. Hakkiari (NABELEK 1923: 49).

40°—35° N et 45°—50° E = 11 G² = USSR: Talyschgebirge (LE 14514b = g). Iran: Ssahendgebirge (LE 14514a, W 15299 = g), Mt. Sawalan (TRAUTVETTER 1881: 424. — *C. trig.*).

40°—35° N et 50°—55° E = 11 H¹ = Iran: M. Elbrus (G 14827 = g), Demawend (G 14645 = ±g, JE 14855 = ±g, LE 14512 = g), Elamont (G 14826, LE 14513b).

40°—35° N et 65°—70° E = 11 J²: Situs locorum sequentium mihi ignotus est: Afghanistan: Koul Chognan (LD 11517 + 11518 + 11519), Doavi (LD 12306), Panshir (BM 15132), Hindukush (K 15069/pro pte. = g).

40°—35° N et 70°—75° E = 11 K¹ = Hindukush: Tirich Mir (WENDELBO 1952: 27. — K 15090, O 14590). Nazbar Paß, Havingal (MIZUSHIMA 1964: 48). Chitral (BM vel W 11529, W 11524 + 11526 + 11527 + 11528). Swat State (MIZUSHIMA 1964: 48), Ushu (W 10258). Karakoram (MIZUSHIMA 1964: 48, PAMPANINI 1926: 39 — *C. trig.*). Shewa Lake, Darwaz (MIZUSHIMA 1966: 88). — Kashmir (G 3473 + 14638 + 14639 + 14828, L 15292, S 15436). — DUTHIE 1898: 146 — *C. trig.*), Nanga Parbat (TROLL 1939: 174 in B). Nuristan: Wanasgul Paß (BM 15133). — Wakhan: Kleiner Pamir (M 15134). Nuristan (BM 15133, C 4978 + 4979 + 4981 + 4982, Mö 3541 bis, W 3540 + 3541 + 4968 + 4970. — MIZUSHIMA 1960: 110).

40°—35° N et 75°—80° E = 11 K² = Kashmir: Baltistan (G 14821), Bara Deosai (G 14637, K 15092, W 12320), Cachmire (K 15070b). — Yarkand-Exped. (HENDERSON «*Arenaria* sp. near *Griffithii* BOISS.»: K 15118b). Karakorum Glaciers (K 15089a).

40°—35° N et 85°—95° E = 11 L—M = N-Tibet: Tschiman-taqh: Karjakkak-saj (S 15438).

35°—30° N et 45°—50° E = 12 G² = Persia: Montes Bachtiarici (LE 14515 = g), Kuh Alwend (JE 14862 = g, W 14604 = g pro parte).

35°—30° N et 50°—55° E = 12 H¹ = Persia: Kuh-i-Domine (JE 14854 = g), Montes Kellal et Ssebsekuh (JE 14858 = g).

35°—30° N et 60°—65° E = 12 J¹ = Afghanistan: Parapomisus («*Stellaria*»: K 15070a).

35°—30° N et 65°—70° E = 12 J² = Afghanistan, Prov. Bamian, Kuh-i-Baba (C 4974 + 4977, W 4969 + 10346 + 10347 + 12307 + 12327: 12328 + 12329), Sanlakh Mt., Paghman Mts (BM 12317).

35°—30° N et 70°—75° E = 12 K¹ = Kashmir: Poonch-Distr. (G 14823, W 10259), Gourais (K 15088), Pir Panjal (K 15086b). Punjab («*Leucostemma angustifolium* ROYLE»: K 15114). Zeran-Pass (LE 14517a/2 mixtum cum *C. Thomsoni*), Gulmarg (G 14822, K 15111, L 15291).

35°—30° N et 75°—80° E = 12 K² — From Kulu to Kashmir (HOOKER 1874: 227 — *C. trig.*). Kashmir: Zoji-la Paß (K 15086a + 15112), Sonamarg (K 15120), Chenab Valley (K 15115 + 15116 + 15117). Lahul (G 14824, LE 14517b, K 15119 + 15121 + 15122), Burzil Pass (K 15091).

Ladakh: Zodje-la (S 15401) + Matayan (S 15400), Upper Lidder Valley (S 15439).

30°—25° N et 55°—60° E = 13 H² = Persia: Kuh Lalesar («*C. trigynum* VILL. ß. *Lalesarense*»: G 14646, JE 14856 = ±g, K 15066, LE 14513. — K 15068). Kuh-i-Dschupar (BORNMÜLLER 1911: 150; e descr. = g).

Situs locorum sequentium mihi ignotus est: Himalaya Bor. Occ. (J. J. in Herb. Ind. Or. HOOK. fil. & THOMSON: G 14640 ± 14825, K 15113, S 15437). — NW-India (Hb. ROYLE «*Stellaria decumbens*»: K 15089b). — British Tibet: Shiri und andere Pässe (HEYDE «*C. arvense*? L.»: K 15118a), Tibet (HEYDE: K 15087).

***C. chloraefolium*** F. E. L. v. FISCHER et C. A. MEYER in FISCHER & M. & T. 1837: 34 (nomen speciei etiam scribitur «*chlorifolium*», vide GRAEBNER V/1, 1917: 578): «Natolia» (sec. GRENIER 1841:

12). — Typus: LE (non vidi) sec. SCHISCHKIN 1936/F: 447 (vide IND. HERB. 1964: 100).

Non citatur e regione tractata.

Species annua, c. 15—30—(50) cm alta, glabra vel rarissime in nervo medio vel margine foliorum nonnullis pilis. — Folia superiora oblonga, oblongo-ovata vel ± elliptico-lanceolata, in basi connata in poculum circa caulem, c. 10—30—(70) mm longa et 6—14—(20) mm lata. — Bracteolae infimae ad pateram concretae. — Pedicellus primarius post anthesin ± rectangulo-patens, fructifer c. 20—35—(50) mm longus. — Petala basi ciliata, 1,5—2-plici longitudine calycis. — Filamenta ciliata c. 5—7 mm longa; antherae anthesi-ineunte purpureae, 0,9—1,5 mm longae. — Styli c. 3,5—5 mm longi. — Capsula recta, c. 12—20 mm longa, dentibus siccis circinato-revolutis typo «*Strephodon*». — Placenta matura radiata funiculis longis. — Semina diametro c. (0,9)—1—(1,5) mm, chondrospermia, verrucis usque ad 0,04—0,07 mm altis, ferrugineo-brunnea.

Partes defractae speciei cum partibus *C. perfoliati* L. (⊙, petalis longitudine calycis, filamentis glabris) et *C. davurici* FISCHER (♃, filamentis glabris) confundi possunt.

*Distr. gen. speciei:* Asia minor in partibus orientalibus et Armenia. — In Persia occidentali (Sultanabad) ambigue. — Species crescit in altitudine 500—1650 m—6500 ft, in campis et marginibus viarum, in petrosis saburralibus calcareisque, in declivibus.

In nullo opere ullam notam de distributione in regione tractata inveni, solum specimen sequentem vidi: «Herbarium J. BORNMÜLLER. *Cerastium chloraefolium* F. & M. cult in Zöschen. (Samen «aus Sultanabad») d. 1898. V. leg. J. BORNMÜLLER» (JE 14879; sine notâ de collectore seminum!). — Secundum v. cl. Dr. F. Q. MEYER (Jena, 3. 12. 1965) specimina in horto botanico Dr. DIECK prope municipium ZÖSCHEN sito culta sunt. Etiamsi DIECK semina e horto viri cl. Theodor STRAUSS in Sultanabad sito accepit, his rebus distributio *C. chloraefolii* in Irania non probata est. — E regione «Sultanabad» BORNMÜLLER 1906: 218 solum *C. inflatum* LINK (JE 14910 + 14913) et 1910/S: 319 solum *C. dichotomum* L. (JE 14847) — specimen utrumque a v.cl. STRAUSS lectum—citavit. Etiam specimen *C. glutinosi* FRIES a. 1899 in Sultanabad a STRAUSS (JE 14853) lectum vidi.

*C. chlorifolium* GRAEBNER V/1, 1917: 578 = *C. chloraefolium* FISCHER et M. e syn. Nomen «*chlorifolium*» praeferendum sec. recommandationem 13, sed sec. CODE 1961: art. 73 orthographia prima (*«chloraefolium»*, etiam in IND. KEW. 1893: 484) conservanda est.

*C. collinum* (sine auctore) H. Dorp. apud TAUSCH 1833: 122 citatum e catalogo «Delectus seminum a. 1832 in horto botanico Bonnensi collectorum» = «*C. collinum.* LEDEB. in herb. bot. Strasbourg et Dijon.» e GRENIER 1841: 79 in textu *C. macrocarpi* STEVEN = «*C. collinum.* Ind. sem. hort. dorpat. p. a. 1832! — Flora 1832, I, p. 122!» e FENZL 1842/R: 407 in textu *C. purpurascenti* ADAM = *C. purpurascens* ADAM sec. GRENIER 1841: 79 et FENZL 1842/R: 406—407. —Typum non vidi [herbarium custodiens mihi ignotum; forsan in DI vel STR vel TU (olim «Dorpat»)]. — Non *C. collinum* SALISBURY, Prodr. stirp., 1796: 300. — «*C. collinum.* DEC.» (nomen nudum) in LEDEBOUR 1831: 1 et 1832: 2 = *C. collinum* H. Dorp. apud TAUSCH 1832: 2 (cum descriptione a TAUSCH) et TAUSCH 1833: 122.

*C. dahuricum* FISCHER apud GRENIER 1841: 13 = *C. davuricum* F. E. L. v. FISCHER e SPRENGEL 1815: 65 sec. diagnosem in GRENIER, l. c., et sec. IND. KEW. 1893: 484 «*Davuricum*, FISCH. ex SPRENG. Pugill. ii. 65.».

Citatur in BOISSIER 1867: 717, HOOKER 1874: 227, KOMAROV 1952: 285, PARSA 1951: 1211, SCHISCHKIN 1936/F: 445.

*C. dauricum* H. G. (= Hortus in pago mosquensi «Gorenki»), nomen nudum in FISCHER 1812: (58) sine ulla nota = *C. davuricum* FISCHER e SPRENGEL 1815: 65—66. PARSA 1951: 1211 falso «*C. dahuricum* FISCH. [in Hort. Gorenk. (1812) nom. nud.» citat. — Citatur in TRAUTVETTER 1876: 119.

***C. dàvuricum*** F. E. L. v. FISCHER e SPRENGEL 1815: 65—66 («in Davuria») et 1825: 418 («Davuria»). Etiam sec. IND. KEW. 1893: 484 «*C. davuricum*, FISCH. ex SPRENG. Pugill. ii. 65.». — Species primo nomine nudo «*C. dauricum* H. G.» (vide hoc) a v. cl. FISCHER 1812: (58) publicatum est. Nomen speciei etiam scribitur «*dahuricum*» (vide hoc). — Typus: LE sec. SCHISCHKIN 1936/F: 445 «*C. dahuricum*», hoc non vidi; vide IND. HERB. 1964: 100; sec. GRENIER 1841: 13 «FISCH.! DC. herb.». Specimen auth. e herb. G datum ad GZU vidi (= MÖSCHL nr. rev. 5792 = *C. davuricum f. davuricum*): «*Cerastium dahuricum* var. *holosteum* Cult. in horto Gorukensi e semin. Dahuricis. FISCHER 1819 [Probe aus dem Herbar DC. Prodr. überlassen von der Direktion des Conserv. et Jard. Bot. Genève.]».

Citatur: *C. dahuricum* (vide hoc). — C. dauricum (vide hoc). — *C. davuricum* BUHSE 1860: 42, WILLIAMS 1899: 214.

Species perennis, c. 25—60—(100) cm alta, interdum tota glabra, plerumque in parte inferiore caulis et in foliis infimis, vel interdum usque ad sepala ± pilosa. — Cellula summa pilorum glanduliferorum (fig. 2) ± ovoidea, pilorum eglandulosorum (fig. 27—29) ± obtusa est. Cellulae pilorum ± longitudine aequali et in exsiccando a lateribus comprimuntur (fig. 29). — Radix (solum in radicibus veteribus?) interdum vel nodis separatis modo torquis vel nodis confluentibus irregulariter incrassata. — Folia c. 20—90 mm longa et 10—30 mm lata, superiora ± ovato-lanceolata, saepe amplexicaulia. — Bracteolae foliaceae. — Inflorescentia multiflora et fructifera semper laxa. — Pedicelli post anthesin ± rectangulo-patentes, 1,5—6,5-plici longitudine calycis. — Sepala c. 7—12 mm longa, ± acuta. — Petala obcordata, biloba (ad $^1/_3$—$^1/_5$ longitudinis incisa), in basi margine barbata, 1—2-plici longitudine calycis. — Filamenta glabra, c. 5—8 mm longa; antherae c. (0,8)—1,5—(2) mm longae, anthesi-ineunte saepe rosaceae. — Styli (fig. 72) c. (2,5)—3,5—(4,5) mm longi. — Capsula (fig. 84) recta, c. 15—25 mm longa, sub dentibus diametro 3,5—4 mm; dentibus 10, siccis circinato-revolutis typo «*Strephodon*». — Placenta (fig. 95) matura racemosa. — Semina diametro c. 1,1—1,8 mm, atro-brunnea, chondrospermia. Verrucae seminum (fig. 51—54) c. 0,035—0,075 mm altae. — Specimina speciei sine radicibus cum *C. oreadi* SCHISCHKIN et *C. multifloro* MEYER confundi possunt.

*Distr. gen. speciei:* Armenia, regiones Caucasi, Persia, regiones occidentales montis «Himalaya», montes septentrionales Asiae centralis usque ad Transbaicaliam, mons «Ural»; in peninsula «Kamtschatka» sec. REGEL 1862: 312 («Herb. horti Petrop.»), quod KOMAROV 1929: 92 negavit. — Species crescit in regione tractata (Tab. V) in altitudine 2600—3000 m, in regione subalpina, in silvis, in graminosis, in ripis rivulorum.

*C. davuricum* forma *davuricum* (sec. CODE 1961): Sepala omnia et pedicelli glabri, interdum planta tota glabra. — Typus formae = typus speciei. — Syn.: *C. davuricum* FISCHER e SPRENGEL 1815: 65—66 et 1825: 418. — *C. dauricum* var. *glabra* TRAUTVETTER 1876: 119. — *C. davuricum* α *glabrum* REGEL 1877: 251. — Distr. gen. formae = distr. gen. speciei.

*C. davuricum* forma *pubescens* (RUPRECHT) MÖSCHL, comb. n.: Pedicelli semper ± pilis vestiti, etiam folia, caulis, interdum sepala. — Syn.: *C. amplexicaule* var. *pubescens* RUPRECHT 1869: 231. — *C. dahuricum* (var.) β *hirsutum* CELAKOVSKY 1887: 341,

BOISSIER-BUSER 1888: 118. — *C. davuricum* β *pilosum* REGEL 1877: 251. — Specimina auth. non vidi, probabiliter in LE sec. IND. HERB. 1964: 100. — Distr. gen. formae = distr. gen. speciei ut videtur, sed e regione tractata specimina nulla vidi.

Formae hae serie non interruptâ inter se coniunctae sunt et interdum permixte crescunt.

Specimina visa citataque (omnia specimina visa = f. davuricum):

40⁰—35⁰ N et 50⁰—55⁰ E = 11 H¹ = Persia: Gebirge bei Nur (LE 14541; vide BOISSIER 1867: 717 «Elbrus»). Albursgebirge bei Warahosul (BUHSE 1860: 42 = LE 14541?).

40⁰—35⁰ N et 70⁰—75⁰ E = 11 K¹ = Gilgit (WILLIAMS 1899: 214).

35⁰—30⁰ N et 70⁰—75⁰ E = 12 K¹ = Kashmir: Koragbal (K 15107), Pir Panjal Range (K 15106), Taobat et Kamri (G 14661 + 14662), Kamri (S 15431), Alibad (K 15109 + 15110).

35⁰—30⁰ N et 75⁰—80⁰ E = 12 K² = Kashmir: Sonamarg (K 15108), prope Aru in valle Liddar (K 15105). — Nw-India: Tihri-Garhwal, Damdar (G 14655 + 14674).

30⁰—25⁰ N et 65⁰—70⁰ E = 13 J² = Marri (HOOKER 1874: 227).

30⁰—25⁰ N et 75⁰—80⁰ E = 13 K² = Nw-India: Kumaon (WILLIAMS 1899: 214).

*C. deflexum* SERINGE 1824: 417 «in Persiâ boreali (v. s. comm. à cl. FISCH.)». — Typus: G (DC: «FISCHER 1819»), GZU/IDC (vidi). Ex imagine (IDC) et sec. IND. KEW. 1893: 484 (= *Stellaria aquatica* SCOP.) = *Myosoton aquaticum* MOENCH 1794: 225. — Citatur in DON 1831: 444.

*C. dentatum* MÖSCHL 1933: 230—234 et 1934: 80 = *C. balearicum* HERMANN. — Citatur in GILLI 1963: 258 (in textu *C. balearici*: = *C. pentandrum* L. e spec. viso «Porandé-Tal»: W 12330), KOMAROV 1952: 289 = *C. semidecandrum* L. (e notis «Lenk.» et «Tal.») + *C. balearicum* HERMANN (e locis aliis citatis), VVEDENSKY 1953: 356.

***C. dichotomum*** LINNAEUS 1753: 438: «inter segetes Hispaniae». — Typus: LINN (GZU/IDC: vidi). — Vide MÖSCHL 1964: 51—53.

Citatur in AITCHISON 1880: 37 + 1888: 41, BLAKELOCK 1957: 185, BLATTER & F. 1934: 958, BOISSIER 1867: 721, BOISSIER-BUSER 1888: 119, BORNMÜLLER 1905: 127 et 1910/K: 89 + 1910/S: 319 + 1911: 150 + 1915: 279, BORNMÜLLER & G. 1942: 36/188, BURKILL 1909: 12, GILLIATH-SMITH & T. 1930: 9, GROSSHEIM 1927/P: 208, HANDEL-MAZZETTI 1914: 66 (Mesop.), KOMAROV 1952: 286, LACE & H. 1891: 314, LITWINOW 1907: 109, MATTFELD 1933: 336, MIZUSHIMA 1960: 110, NABELEK 1923: 49, PARSA 1951: 1212—1213, RECHINGER 1941: 393, SCHISCHKIN 1936/F: 447, STAPF 1886: 289, TRAUTVETTER 1881: 425.

Species annua, c. 10—20 cm alta, semper dense vestita pilis eglandulosis et glanduliferis. — Cellulae pilorum ± longitudine aequali et in exsiccando saepe a lateribus comprimuntur. Cellula summa pilorum glanduliferorum (fig. 3—7) ovoidea vel ellipsoidea, interdum cylindracea usque ad ± clavatae, pilorum eglandulosorum (fig. 30—31) ± acuta vel obtusa. — Folia superiora oblongolinearia vel anguste ovato-lanceolata, semper utrimque dense pilosa, usque ad 17—39 mm longa et 3—6 mm lata. — Bracteolae omnes foliaceae et utrimque pilis eglandulosis vestitae vel interdum etiam glandulosae. — Pedicellus fructifer calyce brevior vel aequalis vel vix longior. — Sepala 7—10 mm longa, tota dense glandulosa et saepe nonnullis pilis eglandulosis praeterea vestita; sepalum extremum sine apice hyalino. — Petala glabra, sepalis breviora, biloba (ad $^1/_6$ longitudinis incisa). — Filamenta c. 3—4 mm longa, omnia ad basim ciliata; antherae c. 0,4—0,5 mm longae. — Styli (fig. 73) 5, c. 0,7—1 mm longi. — Capsula (fig. 85) matura ± recta, c. 13—18 mm longa, dentibus 10, siccis erectis typo «*Orthodon*». — Placenta (fig. 96) matura racemosa usque ad radiata funiculis longis in apice. — Semina chondrospermia, ferruginea, diametro c. 1,2—1,4 mm. Verrucae (fig. 55) seminum usque ad 0,06 mm altae, convexae vel conoides.

*C. dichotomum* floriferum a *C. inflato* LINK saepe non distingui potest, quod calyx *C. inflati* saepe post anthesin demum paulatim inflatur. — *C. dichotomum* interdum cum *C. longifolio* WILLD. confunditur.

*Distr. gen. speciei:* Hispania, Graecia, Africa septentrionalis, Asia minor usque ad Alatau; saepe adventitium inventum est in regionibus diversis Europae (Italia/incertum, Lusitania/incertum, Germania, Hollandia, Belgia Gallica, Gallia, Britannia/incertum) et Africae australis. — Species crescit in regione tractata (Tab. IV) in altitudine 1200—1900 (interdum ad 2760 m in mte. Elburs: W 10252) m, in arenosis, in glareosis, in saxosis, in graminosis, interdum sub virgulto.

Specimina visa citataque:

40°—35° N et 40°—45° E = 11 G¹ = Iraq: Kurdistan, distr. Erbil (W 10337 + 10344). Kuh-i-Sefid (BORNMÜLLER 1911: 150, nr. 943b). Kurdistania turcica, distr. Serizor (NABELEK 1923: 49). — Iraq: Kopi Karadagh (K 15077), Karankh mt. (K 15076).

40°—35° N et 45°—50° E = 11 G² = Azerbajdzhan: distr. Zuvant (LE 14405 + 14407), Oshnu, Rezaiyeh, Sir (PARSA 1951: 1213), Khoi (BORNMÜLLER 1910/K: 89). Persia: Tabriz (K 15081), Jam, Meshan-dagh (GROSSHEIM 1927/P: 208), Gazvin (W 12323). Iraq: Kurdistan (BLAKELOCK 1957: 185. — Mö + W 10340 + 10341, W 10343).

40°—35° N et 50°—55° E = 11 H¹ = Iran: Elburs (G 14703 + 14704, K 15078, LE 14575, W 10252 + 10253 + 12321 + 14603. — BORNMÜLLER 1915:

279). Inter Kaman et Kaswin, Gendjname, Jalpan (STAPF 1886: 289). Persia borealis (G 14709). Mesopotamien (HANDEL-MAZZETTI 1914: 66).

40⁰—35⁰ N et 55⁰—60⁰ E = 11 H² = Turkmenistan, prov. Ashabad (G 14702), Gaudana (LITWINOW 1907: 109, exs.-nr. 780). — Iran: Prov. Khorasan (W 3535 + 10254).

40⁰—35⁰ N et 60⁰—65⁰ E = 11 J¹ = Afghanistan: Badghis (G 14709c, K 15083, LE 14574a).

40⁰—35⁰ N et 70⁰—75⁰ E = 11 K¹ = Lowari hills (DUTHIE 1898: 146).

35⁰—30⁰ N et 45⁰—50⁰ E = 12 G² = Iran: Khorramabad (PARSA 1951: 1213), Shuturunkuh (K 15079), Sultanabad (JE 14847), Kerind (JE 14906/2), Arak (PARSA 1951: 1213), Kuh-i-Alwand (K 15082), Mahi Dasht Valley (W 15126). Kurdistania Persica: Rezab (NABELEK 1923: 49).

35⁰—30⁰ N et 55⁰—60⁰ E = 12 H² = Persia: inter Chabbis et Kerman (L 15285).

35⁰—30⁰ N et 65⁰—70⁰ E = 12 J² = Baluchistan: Qetta (E 10045). — Waziristan: Datta Khel (BLATTER & F. 1934: 958).

35⁰—30⁰ N et 70⁰—75⁰ E = 12 K¹ = Afghanistan: Kurrum Valley (LE 14574b).

30⁰—25⁰ N et 50⁰—55⁰ E = 13 H¹ = Iran: Firouzabad (W 14599), Shiraz (S 15429 + 15430, W 3526), Daescht-aerdschin (W 3552), Kuh Bil (W 3551).

30⁰—25⁰ N et 55⁰—60⁰ E = 13 H² = Iran: inter Kerman et Saidabad (Hu-Mo 10584, W 3537), Kuh Jamal Bariz (W 12319).

***C. dubium*** (BASTARD 1812: 24: «*Stellaria dubia*») GUEPIN 1830: 267. — Loc. class. sec. BASTARD 1812: 24: «*Stellaria dubia*... A la Challoire au Pont aux Filles en Reculée, a Ste. Gemmes etc.» (Gallia: Maine et Loire); GUEPIN etiam speciem in provincia «Maine et Loire» Galliae legit. Typum non vidi: probabiliter in «ANG, MANCH» sec. IND. COLL. 1954: 59. Specimen auth. a GUEPIN lectum prope «Angers» vidi: M 14117. — Vide MÖSCHL 1964: 53—55.

Citatur: *C. anomalum* (vide hoc). — *C. dubium*: adhuc nullo auctore. — *C. persicum* BOISSIER? (vide hoc). — *Stellaria sabulosa* FISCHER (vide hoc). — Combinatio nova (adhuc non citata): *Arenaria anomala* (WALDSTEIN & KITAIBEL) SHINNERS 1962: 50.

Species annua, c. (1)—4—15—(21) cm alta, in superiore parte pilis eglandulosis et glanduliferis vestita. — Cellulae pilorum ± longitudine aequali brevesque, in exsiccando formam non mutant. Cellula summa pilorum glanduliferorum (fig. 8) ± globuliformis, pilorum eglandulosorum (fig. 32) semper obtusa et vix longior reliquis. — Folia superiora ± linearia, glandulosa vel interdum glabra, c. (7)—10—20—(30) mm longa et (0,5)—1—3—(4) mm lata. — Bracteolae infimae formâ foliorum et plerumque glandulosae. — Sepalum extremum sine apice hyalino, glandulosum et interdum praeterea pilis nonnullis eglandulosis vestitum. — Petala (1)—1,5—2-plici longitudine calycis, glabra, biloba (ad $^1/_5$—$^1/_9$ longitudinis incisa). — Filamenta c. 1,5—3 mm longa, glabra; antherae c. 0,3—0,5 mm longae. — Styli (fig. 74) semper 3, (0,6)—1—(1,5) mm longi. — Capsula (fig. 86) matura ± recta, c. 7—10 mm longa, dentibus 6, siccis ± erectis vel saepe circinato-revolutis typo «*Strephodon*». — Placenta racemosa. — Semina chondrospermia, subflava, diametro c. 0,6—0,9 mm. Verrucae seminum usque ad 0,03—0,05—(0,09) mm altae, ± conoides. — Partes defractae speciei cum partibus *C. cerastoidis* (L.) BRITTON confundi possunt.

*Distr. gen. speciei:* Africa septentrionalis; Asia minor usque ad regionem «Turkestan»; Europa: Sicilia, Italia, a litore occidentali (Gallia) usque ad Tauricam (Russia). — Species crescit in regione tractata (Tab. III) c. 1200—3120 m (Afgh., Unai-Pass: W 12332), in scaturiginosis.

Specimina visa citataque (in schedis plerumque sub nom. «*C. anomalum*»): 40°—35° N et 40°—45° E = 11 G¹ = Irak: Amadia (K 15062). — Iran: Diliman (BORNMÜLLER 1910/K: 89 — C. anom.).

40°—35° N et 45°—50° E = 11 G² = USSR: Lenkoran (LE 14458). — Iran: Lake Rezaiyeh (K 15059, L 15284, W 14595), Kuh-i-Savalon (K 15061, W 14601).

40°—35° N et 50°—55° E = 11 H¹ = Iran: Demavend (K 15060, M 14011 + 14034, UPS 4014).

35°—30° N et 45°—50° E = 12 G² = Iran: Taq-i-Bustan (W 14602), Elwind (K 15067 a/2).

35°—30° N et 65°—70° E = 12 J² = Afghanistan: Ghorband-Tal (W 4967), zw. Kabul u. Bamian (W 12332 + 15298).

*C. elbrusense* BOISSIER 1867: 729: «in arenosis alpium Hasartschal in jugo occidentali montis Elbrus Persiae borealis (AUCH. exs. 4246 [KY exs. 498])» = *C. purpurascens* ADAM var. *elbrusense* (BOISSIER) MÖSCHL. — Vidi specimina: AUCHER-ELOY: Herbier d'Orient No. 4246 (LE 14533b, W 10306 + 10307), KOTSCHY, Pl. Pers. bor. 1843, No. 498 «*C. Kasbek* PARROT» (LE 14553a, M 13865, W 10305).

Citatur: *C. elbrusense* BLAKELOCK 1957: 185—186 (? = *C. cerastoides*), GILLI 1939: 340 + 1941: 266/114, WILLIAMS 1899: 474. — *C. elbursense* BOISSIER (vide hoc).

Opinione mea *C. elbrusense* forma alpina humilisque (usque ad 12 cm alta) *C. purpurascentis* ADAM, a quo solum diversum est internodiis brevissimis (foliis breviora), formâ foliorum, inflorescentia paupere (saepe solum flore uno). Radices saepe ferrugineae ut in *C. purpurascenti* (iam a BORNMÜLLER 1905: 128 notatur).

*C. elbursense* BOISSIER apud BORNMÜLLER 1905: 127 «*C. elbursense* BOISS. — BOISS. Fl. Or. I, 729.» = *C. elbrusense* BOISSIER ex opere citato. — Etiam citatur in PARSA 1951: 1217.

*C. elegans* FISCHER (in litt.) e SERINGE 1824: 400 (in textu *Stellariae elegantis* SER.) = *C. trigynum* VILLARS sec. FENZL 1842/R: 396 = *C. cerastoides* (L.) BRITTON. — Solum in scheda: Cachmere (ROYLE: K 15070b) = *C. cerastoides.*

***C. falcatum*** BUNGE 1835: 37, nomen cum syn. at sine descriptione (excl. syn. «*Stellaria falcata* SER.» sec. SCHISCHKIN 1936/F: 439). — Typus: LE (non vidi) sec. SCHISCHKIN 1936/F: 440. — Primum descriptum nomine *C. lithospermifolium* β *humilius* BUNGE in LEDEBOUR 1830: 179 «Hab. β in umbrosis ad fl. Tschuja (B.) — Fl. Iun. ♃», deinde nomine *C. maximum* β *Falcatum* GRENIER 1841: 15 «*C. falcatum.* Acad. Petersb. in herb. Mus. Par.!» et accurate nomine *C. falcatum* in FENZL 1842/R: 398—399 «Hab. in locis humidis Sibiriae altaicae! (GEBLER, LEDEB., BUNGE, MEYER)».

Adhuc e regione tractata non citatum erat.

Species perennis, c. 6—30 cm alta, semper solum pilis eglanduliferis vestita. — Cellulae pilorum eglandulosorum ± longitudine aequali (fig. 105—106). Pili in marginibus foliorum pumilissimi (c. 0,02—0,05 mm longi) et rigidi (fig. 104) vel interdum fere hamato-reflexi. — Folia omnia ± lineari-lanceolata, c. 10—40—(60) mm longa et 1—3—(6) mm lata, pilis pumilis in marginibus serratulo-scabra et utrimque pilosa. — Inflorescentia 1—7-flora, saepe umbellata. — Bracteolae infimae foliaceae vel forma squamulorum. — Pedicellus primarius c. 8—14 mm longus = 1—1,5-plici longitudine calycis, post anthesin saepe patens. — Sepalum extremum in apice glabrum et scarioso-marginatum, sparsim pilosum. — Petala 5, glabra, 1,5—2-plici longitudine calycis, integerrima vel vix emarginata, ± obovata. — Filamenta 10, c. 5—6 mm longa, glabra; antherae c. 1—1,2 mm longae. — Styli 5, c. 2,5—3 mm longi, solum in superiore parte papillosi. — Capsula matura recta, c. 15—16 mm longa, dentibus 10 siccis in apice ± circinato-revolutis typo «Strephodon». — Placenta matura bacillaris vel in basi saepe in nonnullis ramulis divisa, qui singuli bacillares funiculis brevibus sunt. — Semina ferruginea, compressa, diametro c. 0,8—1,1 mm. Verrucae seminum usque ad 0,015—0,03 mm altae, ± plano-cumuliformes. — Species conformes omnes glandulosae sunt.

*Distributio gen. speciei:* Sibiria altaica usque ad Turkestaniam, «Kashmir» usque ad «NE-Afghanistan»; non in «Kamtschatka» ut in textu C. maximi L. HULTEN 1928: 75 et REGEL 1862: 428 (vel 311) citaverunt. — Species crescit in regione tractata in altitudine 2800 m. — Tab. VI.

Specimen visum:

40°—35° N et 65°—70° E = 11 J² = NE-Afghanistan, prov. Baghlan, südl. von Doab-i-Til (Podlech—11170: M 15307 + Mö 15307).

40°—35° N et 75°—80° E = 11 K² = Turkestania sinensis, Prov. Sinkiang: Jarkand—Serek-kol (S 15403).

***C. fragillimum*** Boissier 1842: 54 «Hab. ad umbram *Juniperorum* in regione alpinâ, Cadmus. Mesogis, Tmolus; legi Jun. 1842.» — Vidi specimina auth. ex G («Umbrosis Cadmi supra Colossam Jun. 1842» et «ad or. Demisleh 1842 Jun.») et W («Cadmus»).

Citatur in Blakelock 1957: 186, Bornmüller 1911: 151.

Species annua, c. (4)—8—15—(22) cm alta, semper glandulosissima. — Cellula summa pilorum glanduliferorum (fig. 9) ovoidea usque ad ellipsoidea, pilorum eglandulosorum (fig. 33—34) ± acuta vel obtusa. Cellulae pilorum in exsiccando saepe a lateribus comprimuntur, ± longitudine aequali vel mediae vel inferae saepe longiores sunt. — Folia superiora ± lanceolata, c. (5)—9—12—(15) mm longa et 2—4—(5) mm lata, glandulosa. — Inflorescentia laxissima. — Bracteolae infimae foliaceae (utrimque glandulosae). — Pedicellus primarius post anthesin refractus, fructifer erectus, 2—3-plici longitudine calycis. — Sepalum extremum solum pilis glanduliferis vestitum, in apice vix scarioso-marginatum. — Petala 5, glabra, ± cuneata, acute biloba (ad $^1/_{10}$—$^1/_8$ longitudinis incisa), calyce vix longiora vel aequilonga. — Filamenta 10, c. 1,5—2 mm longa, glabra; antherae c. 0,2—0,3 mm longae, flavae. — Styli (fig. 75) 5, c. 0,9—1,1 mm longi, solum in superiore parte papillosi. — Capsula (fig. 87) matura fere recta vel subincurva, c. 8—10—(12) mm longa, dentibus 10 siccis in marginibus lateralibus revolutis typo «*Orthodon*»; nervis 20 in basi, at solum 10 ad dentes percurrentibus. — Placenta (fig. 97) matura ± radiata funiculis longis. — Semina chondrospermia, ferruginea, compressa, diametro c. (0,7)—0,9—1,1 mm. Verrucae (fig. 56) seminum usque ad 0,035—0,075 mm altae, cumuliformes usque ad conoides vel echiniformes.

*Distr. gen. speciei:* Insula Cyprus, Asia Minor usque ad Libanum et Antilibanum et ad fines Persiae («Nachitschewan»-Le 14382 et «Irak»). — Species crescit in regione tractata (Tab. V) in altitudine 1200—1300 m in saxosis umbratis.

Specimina visa citataque:

40°—35° N et 40°—45° E = 11 G¹ = Irak: Kuh-i-Sefin (Bornmüller 1911: 151—exs. nr. 946. — Blakelock 1957: 186).

35°—30° N et 45°—50° E = 12 G² = Iran: Lorestan, Ilam (L 15296, W 15125).

***C. glomeratum*** THUILLIER 1799: 226 «Se trouve dans les bois de Boulogne; à Vincennes et ailleurs» (Gallia: prope Parisios = Lutetiam Parisiorum). Typum non vidi: in herbario DELESSERT sec. D. B. K. 1899: 185; specimen auth. vidi: M 13906 («Paris: THUILLIER ipse» = *f. glomeratum*). — Vide LONSING 1939: 162/494 —164/496, MÖSCHL 1964: 60—66.

Citatur: *C. alexeenkoanum* (vide hoc; species haec mea opinione ad gregem *C. glomerati* THUILL. pertinet). — *C. barbulatum* (vide hoc). — *C. glomeratum* BLAKELOCK 1957: 186, GILLI 1963: 258, HOHENACKER 1838: 404, KOMAROV 1952: 288. — *C. glomeratum* var. *floridum* in scheda K sec. WILLIAMS 1921: 350 (in textu *C. grandiflori* DON) = *C. napalense* WALLICH. — *C. glomeratum* var. *nepalense* WILLIAMS 1921: 350 (in textu *C. grandiflori* DON) = *C. napalense* WALLICH 1828: 19 e syn. — *C. pumilum* var. *procumbens* STAPF 1886: 289—290. — *C. rotundifolium* FISCHER (vide hoc). — *C. sphaerophyllum* HAUSSKNECHT (vide hoc). — *C. viscosum* (vide hoc). — «*C. vulgatum* var. 1: glomerata, THUILLIER» in HOOKER 1874: 228 sec. WILLIAMS 1921: 327.

Species annua, c. (2)—10—20—(45) cm alta, semper dense vestita pilis eglandulosis et in parte superiore pilis glanduliferis (in Europe etiam specimina eglandulosa lecta sunt). — Cellula summa pilorum glanduliferorum plerumque clavata vel interdum ± ellipsoidea, pilorum eglandulosorum acutissima est. Cellulae pilorum eglandulosorum apicem eorum versus plerumque longitudine progrediente sunt, in exsiccando formam non mutant. — Folia superiora ± elliptica, semper utrimque dense pilosa, c. (4)—5—10—(25) mm longa et c. (2)—3—6—(15) mm lata. — Bracteolae omnes foliaceae et utrimque pilosae, plerumque glandulosae. — Pedicellus primarius fructifer calyce brevior vel aequalis vel vix longior. Inflorescentia ea causa ± glomerata, matura saepe in basi dichasii laxior. — Sepalum extremum in apice pilis eglandulosis superatum (= barbatum), non scarioso-marginatum. — Petala 5—0 (semper in flore primo), ad basim in margine semper fere ciliata, sepalis ± aequilonga, biloba (ad $^1/_3$—$^1/_4$ longitudinis incisa). — Filamenta 1—2 mm longa, glabra; antherae c. 0,2 usque 0,3—(0,4) mm longae. — Styli 5. c, 0,8—1 mm longi. — Capsula matura tenera, subincurva, c. (4)—6—7—(8) mm longa, dentibus 10 siccis in marginibus lateralibus revolutis typo «*Orthodon*». — Placenta bacillaris cum funiculis brevibus. — Semina chondrospermia, flava, diametro c. 0,5 mm. Verrucae seminum c. 0,015—0,02 mm altae.

*C. glomeratum* interdum cum *C. holosteoidi* FRIES, ampl. HYL. et *C. lurido* GUSS. confunditur.

*Distr. gen. speciei:* Regiones natales in terris mediterraneis orbis terrarum antiqui sitas esse opinor; nostris temporibus species in continentes omnes immigravit. — Species crescit in regione tractata (Tab. V) in altitudine 1000—2800 m, in marginibus viarum et agrorum, in agris et graminosis, in paludosis ripis, in solo «Gneis».

*C. glomeratum* forma *spurium* (POSPICHAL) MÖSCHL: Petala sepalis longiora. — Syn.: *C. spurium* POSPICHAL 1897: 443—444. — *C. glomeratum* var. *spurium* (POSP.) ASCH. & GR. in MÖSCHL 1951 L: 12. — *C. glomeratum f. spurium* (POSP.) MÖSCHL 1964: 12. — Distr. gen. formae = distr. gen. speciei.

*C. glomeratum* forma *glomeratum* (sec. CODE 1961): Petala sepalis aequilonga vel breviora. — Syn.: *C. glomeratum* THUILLIER 1799: 226. — *C. glomeratum* var. *corollinum* (FENZL) ROUY et FOUCAUD in MÖSCHL 1951 L: 12. — *C. glomeratum* f. *glomeratum* MÖSCHL 1964: 13. — Distr. gen. formae = distr. gen. speciei.

*C. glomeratum* forma *apetalum* (DUMORTIER) MURBECK 1897: 38: Flores omnes sine petalis. — Syn.: *C. apetalum* DUMORTIER 1822: 47. — *C. glomeratum* γ. *apetalum* KOCH 1835: 132. — *C. glomeratum* var. *apetalum* (DUM.) MERTENS & KOCH in MÖSCHL 1951 L: 12. — *C. glomeratum* f. *apetalum* MURBECK 1897: 38. — *C. glomeratum* f. *apetalum* (DUM.) MURBECK in MÖSCHL 1964: Errata et Add. ad p. 13. — Distr. gen. formae = distr. gen. speciei.

Hae formae speciei, probabiliter solum variationes, quae non hereditate sed humiditate diversa soli, in quo specimina crescunt, et aurae, quae flores amicit, oriuntur. Ea de causa formae hae saepissime permixte crescunt et serie non interruptâ inter se coniunctae sunt. Flos primus in omnibus formis numquam petala habet.

Specimina visa citataque (f. *apetalum* = a, f. *glomeratum* = g, f. *spurium* = s; in schedis saepe sub «*C. viscosum*»):

40⁰—35⁰ N et 40⁰—45⁰ E = 11 G[1] = Iraq: Zab, Jarmo (BLAKELOCK 1957: 186), Palegawra (K 15053), Rowanduz Gorge, Mosul (BLAKELOCK 1949: 396).

40⁰—35⁰ N et 45⁰—50⁰ E = 11 G[2] = Iraq: Sulaimaniya (BLAKELOCK 1957; 186). — USSR: Lenkoran (pro parte sub «*C. glutinosum*» et «*C. rotundifolium*»: LE 14395 = a, LE 14393 = a + g, LE 14380 + 14383 + 14387 + 14388 + 14391 + 14392 + 14394 + 14397 + 14398 + 14544: omnia = g, LE 14396 = s). — Iran: Gilan (LE 14542 = g, LE 14546b = a, LE 14546a = s), Rescht («*C. pumilum* v. *procumbens*»: K 15045b = g, WU = g), Enseli (G 14722 = g, K 15045a = g, WU = g), Marivan (K 15051 = g, L 15286 = s, W 14597 = g), Massula, Rudbar (BUHSE 1860: 42 — *C. visc.*), inter Pehlevi et Rescht («*C. pentandrum*»: W 10256 = g). — Talysch: Küs-jurdi (TRAUTVETTER 1881: 425 — *C. visc.*). — Iraq: Between Kirmaj and HAJI Sar (K 15052 = g), m. Avroman (W 10342 = a). — Persia (LE 14536 = g, «*C. barbulatum*»: LE 14545 = a).

40⁰—35⁰ N et 50⁰—55⁰ E = 11 H[1] = Iran: Lahidjan (BM 3545 + 3546 = g, K 15046 = g, K 15049 = s, LE 14542b = g, W 3525 = a), Babol (W 3528 = a),

Bandar Gaz (G 14735 = a, Hu-Mo 10573 = a, W 3521 = a), Bender Ges (*«C. sphaerophyllum»*: JE 14943 = a, K 15034 = a, L 15290 = a, M 13072 + 13073 = g. — *«C. semidecandrum»*: LE 14521 = a), bei Rischm (BUHSE 1860: 42 — C. visc.).

40°—35° N et 55°—60° E = 11 H² = USSR, Turcomania, Prov. Ashabad (*«C. semidecandrum»*: BP/Deg = g «mixtum cum *C. semid.*», G 14806 = g, WU = g).

40°—35° N et 65°—70° E = 11 J² = NE-Afghanistan: Taganak (M 15309/2 = a), Farkhar (M 15313 = a + s), Ishkamish (M 15315 = g), Taluqan (M 15311 + 15312 = g, M 15316 = s).

40°—35° N et 70°—75° E = 11 K¹ = Afghanistan (K 15048 + M 2863/1 + S 15408: g), Nuristan (C 4971 + 4980 + 4983: a + s), Bundai, Gujar, Mirga, Lowari Paß (DUTHIE 1898: 146). Borak, Badakhshan (MIZUSHIMA 1966: 88 *«C. viscosum»*).

35°—30° N et 45°—50° E = 12 G² = Iran: Bakhtiari (W 3539 = g), Taki Bostan (K 15050 = g).

35°—30° N et 65°—70° E = 12 J² = Afghanistan: Paghman-Gebirge (W 12308 = g, W 12331 = g). Waziristan: Razani et Kaniguram (BLATTER & F. 1934: 958).

35°—30° N et 70°—75° E = 12 K¹ = Nw Frontier Province: Peschawar (K 2894 = g). — Nw-Pakistan, Swat: Inter Khawazakhiela et Shangla (W 15300 = g). — Kashmir (L 15288 = g).

35°—30° N et 75°—80° E = 12 K² = Hill States: Simla (*«C. vulgatum»*: K 2938 = g). Himalaya Bor. Occ. (J. J.-Herb. Ind. Or. HOOK. fil. & THOMSON: L 3186a = a).

***C. glutinosum*** FRIES 1817: 51 + 104: «In collibus apricis, arenosis, sterilibus & c. Sueciae meridionalis saltim frequens». Typum non vidi: UPS vel K. Specimen auth. in LD sec. MURBECK 1898: 264—265 «a Dom. Elia FRIES 1817». — Vide MÖSCHL 1936: 159/831—160/832 et 1964: 66—67.

Citatur: *C. glutinosum* BOISSIER 1867: 724, KOMAROV 1952: 289, MIZUSHIMA 1960: 110 + 1964: 48, PARSA 1951: 1216 pro min. pte. — *C. glutinosum* var. *procumbens* STAPF apud PARSA 1951: 1216, comb. n. (= *C. pumilum* STAPF 1886: 289—290) = *C. glomeratum* THUILL.!

Species annua, c. (1)—5—15—(20) cm alta, semper pilosa et in parte superiore etiam glandulosa. — Cellula summa pilorum glanduliferorum ± brevi-clavata, pilorum eglandulosorum acutissima est. Cellulae pilorum eglandulosorum apicem eorum versus plerumque longitudine progrediente sunt, in exsiccando formam non mutant. — Folia semper utrimque pilosa, usque ad (2)—5—8—(14) mm longa et (0,5)—2—4—(5) mm lata, superiora ovata vel anguste ovata. — Bracteolae omnes supra glabrae modo sepalorum. — Pedicellus primarius post anthesin patens vel arcuatus et fructifer calyce longior. — Sepalum extremum in apice scarioso-marginatum. — Petala 5, semper glabra, longitudine calycis vel aliquanto breviora. — Filamenta c. 1,7—3,2 mm longa, glabra; antherae c. 0,2—0,5 mm longae. — Styli 5, c. 0,8—1 mm longi. — Capsula matura subincurva, plerumque 1,3-plici longitudine calycis = c. (4)—6—7—(8) mm longa. Dentes capsulae 10, sicci in marginibus revoluti typo «*Orthodon*». — Placenta bacillaris cum funiculis brevibus. — Semina chondrospermia, dilute brunnea, diametro c. 0,4—0,7 mm. Verrucae seminum usque ad 0,02 mm altae.

*C. glutinosum* interdum cum *C. glomerato* THUILL. confunditur et saepe ad *C. pumilum* CURT. ponitur.

*Distr. gen. speciei:* Europa, Africa septentrionalis, Asia Minor usque ad Caucasum, Afghanistan et W-Pakistan. — Species crescit in regione tractata in altitudine usque ad 2600 m (Hindukush sec. MIZUSHIMA 1964: 48). — Tab. VI.

Specimina visa citataque:

40°—35° N et 45°—50° E = 11 G² = USSR: Lenkoran et Talysch (KOMAROV 1952: 289).

40°—35° N et 65°—70° E = 11 J² = Affghania (BOISSIER 1867: 724).

40°—35° N et 70°—75° E = 11 K¹ = W-Pakistan, Yasin (MIZUSHIMA 1964: 48).

35°—30° N et 45°—50° E = 12 G² = Iran: Sultanabad (JE 14853).

***C. gnaphalodes*** FENZL (1842/P: 11) in RECHINGER 1952: 14 [«Kerikas dagi, 5 km SW von Arpat, 25 km SW von Gevas, 2900 m» (FRÖDIN — Kurdistans Fl. 141: UPS)]. Specimen hoc a. 1951 a me determinatum est pro «*C. alpinum* L.?» et anno 1959 pro «*C. gnaphalodes* FENZL». — Probabiliter etiam in finibus Persiae.

*C. grandiflorum* DON 1825: 216 «ad Narainhetty Nepalensium, HAMILTON. ♃.» = *C. glomeratum* THUILL. sec. IND. KEW. 1893: 484; at sec. descriptionem species perennis grandifloraque ad *C. Thomsoni* HOOKER ponendum est. Typum non vidi: in Museo Lambertiano (? in K) sec. DON 1825: VIII. — «*C. grandiflorum* DON» in schedis e regionibus «Lahul» et «Kumaon» = *C. Thomsoni* HOOKER (K 15096).

Quod nomen «*C. grandiflorum* GILIBERT» (= *C. arvense* L. sec. BUSCHMANN 1938: 128/152) iam a. 1782 publicatum est, nomen «*C. grandiflorum* DON 1825» pro specie «*C. Thomsoni* HOOKER 1874» rejicendum est.

*C. grandiflorum* HOHENACKER 1838: 404.: «In locis siccis lapidosis prope pagum Hilledere in tr. Suwant. Alt. 5500'. Floret Junio m.» (in provinciâ Talysch collectum a v. cl. HOHENACKER a. 1838); sine descriptione in HOHENACKER l. c. = non *C. grandiflorum* WALDSTEIN et KITAIBEL 1805: 183, quod nunc «*C. nodosum* KITAIBEL» (apud BUSCHMANN 1938: 127/151—128/152) nominatur, sed sec. BOISSIER 1867: 727 «prov. Talysch (MB. HOH!)» ad *C. argenteum* M. B. ponendum est. — Typum non vidi: herbarium custodiens mihi ignotum (vide IND. COLL. 1957: 281).

Citatur in BOISSIER 1867: 727, FENZL 1842/R: 414—415.

***C. holosteoides*** FRIES 1817: 52 («In sterilibus siccis, rarius. Etiam Clar. ASPEGREN specimina in Blekingia lecta misit.»), ampl. HYLANDER 1945: 150—151. — Typum non vidi: UPS vel K; specimen auth. «*Cerastium vulgatum* var. *Holosteoides*. FR. BLEKINGE. Carlskrona. Legi 1824. Herb. E. FRIES» (UPS 423) vidi. — Vide MÖSCHL 1948: 374—376 et 1964: 71—72.

Citatur: *C. caespitosum* (vide hoc). — *C. holosteoides* MIZUSHIMA 1964: 48. — *C. triviale* (vide hoc). — *C. viscosum* (vide hoc). — *C. vulgatum* (vide hoc). — Combinatio nova (adhuc non citata): *C. fontanum* (e) Subsp. *triviale* (LINK) JALAS in Fl. Eur. I, 1964: 142.

Species perennis, c. (5)—10—25—(50) cm alta, in regione tractata semper pilosa, interdum etiam glandulosa. — Cellula summa pilorum glanduliferorum ± longo-clavata, pilorum eglandulosorum acutissima est. Cellulae pilorum eglandulosorum apicem eorum versus plerumque longitudine progrediente sunt, in exsiccando formam non mutant. — Folia superiora ± oblonga vel interdum lanceolata, usque ad (3)—4—12—(30) mm longa et (1)—3—4—(10) mm lata. — Bracteolae infimae foliaceae (= utrimque pilosae) vel modo sepalorum supra glabrae, superiores saepe supra glabrae. — Pedicellus primarius post anthesin ± patens, fructifer semper calyce longior. Inflorescentia matura semper laxa. — Etiam sepalum extremum in apice semper scarioso-marginatum. — Petala 5, glabra vel interdum ad basim ciliis nonnullis, biloba (ad $^1/_3$—$^1/_5$ longitudinis incisa). — Filamenta 3—3,5 mm longa, glabra; antherae c. 0,3—0,6 mm longae. — Styli 5, c. 1,3—1,5 — (2) mm longi. — Capsula matura subincurva, c. 9—12 mm longa, dentibus 10 siccis in marginibus lateralibus revolutis typo «*Orthodon*». — Placenta bacillaris cum funiculis brevibus. — Semina chondrospermia, ferruginea, diametro 0,6—0,85 mm. Verrucae seminum usque ad 0,035 mm altae.

*C. holosteoides* in schedis interdum cum *C. cerastoidi* (L.) BRITTON confunditur.

*Distributio gen. speciei:* In omnibus regionibus terrarum, indigenum mea opinione in Eurasia, certe in multis regionibus solum species adventitia. — Species crescit in regione tractata (Tab. V) in altitudine 1300—3000 m, in agris graminosisque, in humidis lapidosis, in solo granitico, in declivibus montium.

In regione tractata solum subsp. *triviale* (LINK) MÖSCHL [vide MÖSCHL 1964: 11, illic errato «subsp. *triviale* (MURBECK) MÖSCHL»] collecta est, etenim fere solum f. *triviale* (= forma eglandulosa), rarissime f. *glandulosum* (BOENNINGHAUSEN) MÖSCHL (Afghanistan: M 2863), quae forma in regionibus «Kashmir» usque ad «Burma» communis est.

Specimina visa citataque (e = f. *triviale*, g = f. *glandulosum*; in schedis etiam sub syn. *C. caespitosum* GILIBERT, *C. triviale* LINK, *C. viscosum* L., *C. vulgatum* L.):

40°—35° N et 40°—45° E = 11 G¹ = Persia: Tschahrik (WU 1097 = e).

40°—35° N et 45°—50° E = 11 G² = Iran: Yam (GILLIATH-SMITH & T. 1930: 306 — C. vulgatum), Near Tabriz (K 15042 = e). — USSR: Lenkoran (KOMAROV 1952: 290 «C. caespitosum»).

40°—35° N et 50°—55° E = 11 H¹ = Iran: Kandavan-Pass (Hu-Mo 10568, Mö + W 3520 : e), Elburs centr., Totschal (W 10253 + 12322 = e), nördl. Djaschm (W 11520 = e). Prov. Gorgan: m. Shahvar (W 3519 = e). Firuzkuh Arjaman (K 15043 = e).

40°—35° N et 60°—70° E = 11 J = Affghanistan (C 15572+M 2863/2 = g), Khelenmargh (W 15131 = g).

40°—35° N et 70°—75° E = 11 K¹ = Chitral: Drosh (W 11525 = g), Guger (FI 3415 = g). — Prov. de la Frontière: Besal (G 14732 = g). SWAT: Utror (W 12310 = g), Shangla (W 15300 = g). — Karakorum (K 2918b = g).

35°—30° N et 45°—50° E = 12 G² = Iran: Darreh Moradbagh (W 3524 = e), Sharistane (W 3523 = e), Kuh Alwend (K 15035 + W 14600 = e).

35°—30° N et 70°—75° E = 12 K¹ = Kashmir: Pir Pungul-Pass (K 2932b = g). Changla gali (G 14634 + 14635 + K 15104 = g). — Gurhwal (K 2912 + M 2861 = g), Sinthan Pass (K 15100 = g), Islamabad (K 2910 = g), Gulmarg (WU 1236 = g). — NW-Frontier Province, Nathia (K 2889 = g). NW-India («*C. canescens*»: K 2914b = g, «*C. Cashmerianum*»: K 2915b = g), Punjab, inter Daha et Churrel-Tiba (K 2896 = g). — Afghanistan: Shendtoi (K 15044 = g).

35°—30° N et 75°—80° E = 12 K² = Kulu Valley (W 10257 = g). Punjab: Dharmsala (K 2907 = g, K 2932a = e), Supra Kanam (K 2930 = g), Deoban Range (FI 3420 + K 2931 = g). — NW-India (K 2913 = g), Zelos (?) (K 2935b = g). — Lahul: Kyelang (K 15099 = g), Chenab Valley (K 15102 = g). — Kashmir: Yusmaidan (L 15289 = g). Sonamarg (K 2934 = g), Har Nag (K 2897 = g), Kuihama Range (K 2928a = g), Budnambal (K 2928b = g), Jobak par. Barang (K 2915a = g), above Pahlgam (K 15101 + L 15287 = g), Kashmir (K 2914c + 2929a + 2936b + L 15293 + M 2862 + S 15402 + W 10275 = g). — North India: Chakrata Forest (Mö 4029 = g). Kulu-Lahaul: dit. Seoroj (K 2895 = g). — Simla (K 2887 + 2911 + 2918a + 2921 + 2933 + 2935a + 15103 = g). — Himalaya: Muporee (K 2914a + 2917 + 2929b = g), Himalaya (FI 3417 + G 14630 + K 2886 + 2890 + M 2864 + 2867 = g). — Indes-Orientales (G 3474 + K 2883a = g). Tibet, Shayuk valley (K 15098b = g). Deyra Dhoun (K 2936a = g).

30°—25° N et 75°—80° E = 13 K² = Kumaon: Nynee Tal (K 2906b = g).

30°—25° N et 80°—90° E = 13 L = Sikhim (K 2902 + 2903 + 2904 + L 3185 = g). Chumbi (K 2891 = g). Nepal: Michet (K 2927 = g).

30°—25° N et 90°—95° E = 13 M¹ = Assam: (BO 4964 = g), Shillong (FI 3414 = g), Khasia (K 2905 = g).

30°—25° N et 95°—100° E = 13 M² = Burma (K 2908 = g), Bhutan (G 3472 + K 2906a + 2916 = g), Juto-La (K 2882 = g).

Situs locorum mihi ignotus est: Iran, ad Kudrun (STAPF 1886: 290). Anzara (K 15098a = g).

*C. inflatum* LINK e DESFONTAINES 1818: 462 sec. GRENIER 1841: 45 (in DESFONTAINES 1818 sec. WILLIAMS 1921: 77 nomen non exstat); in SWEET 1830: 57 solum nomen nudum; e DESFONTAINES 1832: 462 (textus totus): «Persia. ⊙.»; descriptio prima probabiliter in GRENIER l. c. — Typus: P (non vidi) sec. SCHISCHKIN 1936/F: 448.

Citatur in BLAKELOCK 1949: 396, BOISSIER 1867: 721, BORNMÜLLER 1906: 218 + 1910/S: 319 + 1911: 150 (Irak) + 1914: 365 + 1938: 273, BORNMÜLLER & G. 1935: 94/630, BUHSE 1860: 42, BURKILL 1909: 12, FREYN 1903: 1056, GILLI 1963: 258, KOMAROV 1952: 287, LACE & H. 1891: 314, LITWINOW 1907: 109, NABELEK 1923: 49, PARSA 1951: 1213—1214, SCHISCHKIN 1936/F: 448, STAPF 1886: 289, WILLIAMS 1921: 77—78. — *C. inflatum* (var.) β. *calycosum* BORNMÜLLER 1911: 150 (Irak). Combinatio nova (adhuc non citata): *C. dichotomum* L. subsp. *inflatum* (LINK) CULLEN in HEDGE 1967:211.

Species annua, c. 7—24 cm alta, semper dense pilosa et glandulosa. — Cellula summa pilorum glanduliferorum (fig. 10—12) ovoidea vel ellipsoidea vel longo-clavata, pilorum eglandulosorum (fig. 35—36) ± acuta vel obtusa. Cellulae pilorum ± longitudine aequali (vel mediae longiores) et in exsiccando saepe a lateribus comprimuntur. — Folia superiora ± lanceolato-linearia vel oblongo-elliptica, c. 10—30 mm longa et 2—5—(7) mm lata. — Bracteolae, omnes pilis eglandulosis glanduliferisque vestitae, formâ foliorum. — Pedicellus primarius fructifer calyci ± aequilongus. — Sepalum extremum c. 10—11 mm longum, sine apice hyalino, totum dense glandulosum et saepe nonnullis pilis eglandulosis vestitum. Sepala plerumque demum post anthesin paulatim characteristice inflantur. — Petala 5, sepalis breviora, semper fere glabra, biloba (usque ad $^1/_4$ longitudinis incisa). — Filamenta c. 2,5—3 mm longa, omnia ad basim ciliata (episepalia pluribus ciliis); antherae c. 0,2—0,35 mm longae. — Styli (fig. 76) 5, c. 1—1,5 mm longi. — Capsula matura (fig. 88) ± recta, c. 10—19 mm longa, dentibus 10, siccis erectis typo «*Orthodon*». — Placenta (fig. 98) matura fere radiata funiculis longis. — Semina chondrospermia, ferruginea, diametro c. 1 mm. Verrucae (fig. 57—58) seminum usque ad 0,05 —0,06 mm altae, ± conoides.

*C. inflatum* floriferum a *C. dichotomo* L. saepe non distingui potest, quod calyx *C. inflati* saepe post anthesin demum paulatim inflatur.

BORNMÜLLER 1911: 150 var. *calycosum* («calycibus iam anthesi-ineunte valde inflatis») publicavit. Varietatem hanc distinguere mihi impeditum videtur, quod in speciminibus maturascentibus non videri potest, utrum sepala iam anthesi-ineunte an anthesi-exeunte inflata sint.

*Distr. gen. speciei:* Asia minor, Palaestina, Syria, Irak, Armenia, Persia, montes Kopet-Dagh, in «Alatau-transiliensis», Afghanistan, Belutschistan. — Species crescit in regione tractata (Tab. IV) in altitudine 700 m (Afg., Qala Nau: C 4976)—2800 m (Afg., vallis Paghman: W 12309)—12.000 feet (Persia, Damavar: BPI 3556), in declivibus et sterilibus saxosis, in graminosis apertis, in arenosis, in solo granitico et in «Gneiss», in vineis cultisque aliis.

Specimina visa citataque:

40°—35° N et 40°—45° E = 11 G¹ = Kurdistan (C 14591), Iraq: Zakho (W 10336), Rowanduz Gorge (BLAKELOCK 1949: 396), ad Schaklava (G 14767, JE 14909, K 15058a, M 13738. — «var. *calycosum* BORNM.»: G 14775, JE 14911). Kurdistania Turcica, Handrian-Dar (NABELEK 1923: 49). — Iraq, Azmar pass (K 15084), Gali Dargala (K 15085). Mardin (E 10073 + 10160 + 10171, G 14764 + 14766 + 14769 + 14781, JE 14901, K 15058b, LE 14572, M 13735 + 13736 + 13737, S 15416).

40°—35° N et 45°—50° E = 11 G² = Iraq: prope Tawilla (Mö + W 10341). — Iran: Aq Bulaq (W 12325), Mons Karaghan (G 14771, K 15058c, LE 14569b). Emrabad (K 15057), Marivan (L 15297, W 15124).

40°—35° N et 50°—55° E = 11 H¹ = Iran: Elburs centr.: Prope Khur et Fashand (W 10255), prope Kalak (BORNMÜLLER & G. 1935: 94/630), Farazad, Arak (PARSA 1951: 1213), Astrabad: Songu-Dagsch (LE 14567).

40°—35° N et 55°—60° E = 11 H² = USSR, Prov. Ashabad, prope Nephton (G 14773 + 14774, JE 14902, M 13739b), Suluklu (FREYN 1903: 1056). Tam-Ze: m. Gaudan (LITWINOW 1907: 109). — Iran: Montes Kuh-e Nishapur (W 3534), Montes Kopet-Dagh (G 14777, Hu-Mo 10565, W 3533).

40°—35° N et 65°—70° E = 11 J² = Afghanistan: Salangtal (W 12333a), Near Qala Nau (C 4976), Kabul-Gebiet (W 10349 + 10350 + 15130). Farkhar (M 15310), Taganak (M 15309/1).

35°—30° N et 45°—50° E = 12 G² = Iran: Tschitschian (G 14770), Patagh-Gebirge (W 14598), Kassegaran (W 3530), Bisitun (L 15295, W 15123), Noah Kuh (K 15056), supra Rezab (NABELEK 1923: 49). — Luristan: Celeh (W 3529), Dorud (W 11523). Kuh-i-Sefid-Khane (JE 14907), Kuh-i-Dalahu (JE 14905), Kuh-i-Ritschab (JE 14906/1), Miankuh (JE 14908), prope Sultanabad (JE 14910 + 14913), prope Hamadan (STAPF 1886: 289), Chah-Bazan (C 3542).

35°—30° N et 50°—55° E = 12 H¹ = Iran: Damavar (BPI 3556), Siwaend (W 3554), Jesd (LE 14568b), bei Deh-bala (BORNMÜLLER 1911: 150, exs.-nr. 2305b), Mowdere (JE 14914), Gulpaigan (JE 14912), Aminabad, Abdin, Sivand (WILLIAMS 1921: 78), Isphahan (BORNMÜLLER 1938: 273), Khonsur (S 15418), Ghalat (S 15418).

35°—30° N et 55°—60° E = 12 H² = Iran: Ozbah-Kuh (W 12326), Tangué Abdui (PARSA 1951: 1214).

35°—30° N et 60°—65° E = 12 J¹ = Afghanistan: Herat (C 4973), Chasma Obeh (W 12312), Parjuman (W 12311), Farah-Shin (C 4975).

35°—30° N et 65°—70° E = 12 J² = Afghanistan: Chisht (C 4972), Prope Kabul (W 12309 + 12333b), inter Said Karam et Ahmad Khel (W 15304), Kopeck Pass (K 15054b), Sarovi (W 10348), Afghanistan (K 15054a, LE 14573). — Baloutchestan (PARSA 1951: 1214, LACE & H. 1891: 314). — W-Pakistan: Paranichar (W 15301), Prope Quetta (W 15302 + 15303).

35⁰—30⁰ N et 70⁰—75⁰ E = 12 K[1] = Afghanistan: Kurrum Valley (K 15055). — Himalaya: Abbottabad (K 15094).

30⁰—25⁰ N et 50⁰—55⁰ E = 13 H[1] = Iran: Kasrun (W 3553), bei Schiras (BPI 3557, W 3550 + 15128), Persepolis (C 15515, G 14776, LE 14569a, M 13739a).

30⁰—25⁰ N et 55⁰—60⁰ E = 13 H[2] = Iran: Kuh Lalesar (G 14772), Montes Djamal (G 14778, Hu-Mo 10566, Mö + W 3532), prope Tarum (Hu-Mo 10567, W 3531).

30⁰—25⁰ N et 60⁰—70⁰ E = 13 J = Baluchistan: Murdar & Urak (E 10072).

*C. Kasbek* PARROT in exsic. «Th. KOTSCHY, Pl. Pers. bor. Ed. R. F. HOHENACKER 1846. 498. *Cerastium Kasbek* PARROT. In l. arenosis. In alpibus Hasartschal in partibus occidentalibus m. Elbrus. D. 12. Jul. 1843» = *C. purpurascens* var. *elbrusense* (BOISSIER) MÖSCHL (G 14715 + 14782, LE 14553a, M 13865, W 10305). — Species vera «*C. Kasbek* PARROT» solum in montibus caucasicis lecta est.

***C. longifolium*** WILLDENOW 1799: 814: «in Armenia» (turcica?) (non POIRET 1811: 164—165 nec TENORE 1811—1815: XXVII). — Typum non vidi: B sec. SCHISCHKIN 1936/F: 449.

Citatur: *C. blepharophyllum* «FISCHER et MEYER in HOHENACK.» apud FENZL 1842/R: 403 (vide hoc). — *C. blepharostemon* FISCHER & M. (vide hoc). — *C. longifolium* BOISSIER 1867: 721—722, KOMAROV 1952: 287, LIPSKY 1899: 254, PARSA 1951: 1214, SCHISCHKIN 1936/F: 448—449.

Species annua, c. 8—16—(26) cm alta, semper hirsuta et glandulosa. — Cellula summa pilorum glanduliferorum (fig. 13—15) brevi-clavata usque ad ovoidea, pilorum eglandulosorum (fig. 37—38) ± acuta vel obtusa. Cellulae pilorum ± longitudine aequali et in exsiccando saepe a lateribus comprimuntur. — Folia superiora anguste ovata vel fere ensiformia, utrimque pilosa, usque ad 15—30 mm longa et c. 2—4 mm lata. — Bracteolae utrimque hirsutae et formâ foliorum caulis. — Pedicellus primarius post anthesin horizontaliter fere patens, fructifer 2—3-plici longitudine calycis sursum curvatus. Inflorescentia laxa. — Sepalum extremum in apice glabrum et scarioso-marginatum, c. 9 mm longum. — Petala 5, ad basim ciliata, calycem aliquanto excedentia vel breviora, biloba (usque ad $^1/_3$ longitudinis incisa). — Filamenta (fig. 70) c. 4—4,5 mm longa, sepalis praeposita semper paniculate, alia ± disperse ciliata; antherae c. (0,8)—1—1,4 mm longae et anthesi-ineunte violaceae. — Styli (fig. 77) 5, c. (2)—3,5 mm longi. — Capsula (fig. 89) matura recta, c. (8)—12—17 mm longa, diametro ad basim dentium 1,5—2 mm, dentibus 10, siccis in marginibus lateralibus revolutis typo «*Orthodon*». — Placenta (fig. 99) fere radiata funiculis longis in apice. — Semina chondrospermis, ferruginea, diametro c. 0,7—1,1 mm. Verrucae (fig. 59) seminum usque ad 0,025—(0,045) mm altae.

*C. armeniacum* GRENIER a *C. longifolio* dentibus capsulae typo «*Strephodon*» differt. — *C. longifolium* interdum cum *C. dichotomo* L. confunditur.

*Distr. gen. speciei:* Armenia (turcica et rossica), Talysch, Iran. — Species crescit in regione tractata (Tab. IV) in altitudine inter 1600 et 2000 m, in graminosis, in lapidosis, inter segetes.

Specimina visa citataque:
40°—35° N et 45°—50° E = 11 $G^2$ = USSR: Talysch, Suwant («*C. blepharostemon*»: G + LE 14353; LE 14351 + 14354 + 14358 + 14406). — Iran: prope Rezaiyeh = Urumia (K 15031 + 15080, W 14605).

***C. luridum*** GUSSONE 1842: 510, pro max. pte.: «In apricis montosis herbosis; Monti della Pisana (GASPARINI); Busambra, Madonie, Monti di Cammarata.» Specimina authentica: FI (and NAP?) sec. IND. COLL. 1957: 246; LONSING (1939: 159/491) specimina de locis Busambra et Madonie vidit, ego nulla specimina authentica vidi.

Citatur sub nominibus «*C. brachypetalum*» (vide hoc) et «*C. tauricum*» (vide hoc), at non adhuc sub «*C. luridum*».

Species annua, c. (2)—5—18—(29) cm alta, semper dense pilosa et in inflorescentia in regione tractatâ semper glandulosa. — Cellula summa pilorum glanduliferorum brevi- usque ad longoclavata, pilorum eglandulosorum acutissima est. Cellulae pilorum eglandulosorum apicem eorum versus plerumque longitudine progrediente sunt, in exsiccando formam non mutant. — Folia superiora ± lanceolata, semper utrimque dense pilosa et interdum etiam glandulosa, c. 5—8—(10) mm longa et c. 2—2,5—(3) mm lata. — Bracteolae omnes foliaceae et utrimque pilosae et glandulosae. — Pedicellus primarius plerumque ± erectus. — Sepalum extremum in apice pilis eglandulosis superatum (= barbatum), non scarioso-marginatum. — Petala 5, ad basim in margine semper ciliata, calyci ± aequilonga, biloba ($^1/_3$—$^1/_2$ longitudinis incisa). — Filamenta 10, c. 1,5—2,5 mm longa, in basi interdum omnia glabra, plerumque solum epipetalia ciliata aut, si filamenta episepalia insuper ciliata, filamenta epipetalia numero duplo ciliarum quam filamenta episepalia vestita; antherae c. 0,15—0,3—(0,5) mm longae. — Styli 5, c. (0,7)—1—2 mm longi. — Capsula matura subincurva, dentibus 10 siccis in marginibus lateralibus revolutis typo «*Orthodon*». — Placenta matura bacillaris cum funiculis brevibus. — Semina chondrospermia, ferruginea, diametro c. 0,7—0,8 mm. Verrucae seminum usque ad 0,025 mm altae.

Vide apud *C. brachypetalum* DESP. de diversitate a *C. lurido*.

*Regio gen. speciei:* Africa septentrionalis; Europa: Baleares, peninsula Apenninica, Sicilia, peninsula Balcanica; Asia Minor usque ad Kurdistan et ad Lenkoran. — Species crescit in regione tractata (Tab. V) usque ad altitudine 900 m (Kurdistan) vel 1700 m (distr. Lenkoran), in arenosis et saxosis.

Specimina visa citataque:

40°—35° N et 40°—45° E = 11 G[1] = Iraq: prope Shanidar (W 10335), Shaqlawa (BLAKELOCK 1957: 185 «*C. brach.*»), Kuh-i-Sefin (BORNMÜLLER 1911: 150 «*C. brachypetalum* var. *Tauricum*»).

40°—35° N et 45°—50° E = 11 G[2] = USSR: distr. Lenkoran («*C. glomeratum*»: LE 14390. — «*C. microspermum*»: LE 14366/2 + 14368/2). Talysch («*C. tauricum*» sec. SCHISCHKIN 1936/F: 450).

*C. macrocarpum* STEVEN e GRENIER 1841: 79 et «*C. macrocarpum* STEVEN in h. nikitensi et litt.! nec non hort. bot. aliorum.» e FENZL 1842/R: 407 = *C. purpurascens* ADAM sec. GRENIER 1841: 79 et FENZL 1842/R: 407. — Typum non vidi (herbarium custodiens mihi ignotum). — Non *C. macrocarpum* SCHUR 1851: 177 (nomen nudum) et 1859: 131, nr. 150 (descriptio; etiam 1859: 67, nr. 150, in publicatione separata). — «*C. macrocarpum*. H. Nik.» (nomen nudum) in LEDEBOUR 1831: 1 = «*C. macrocarpum*. BERNH.» (nomen nudum) in LEDEBOUR 1832: 2 = *C. macrocarpum* STEVEN.

***C. microspermum*** C. A. MEYER 1831: 222: «In locis graminosis altiorum montium Talüsch (alt. 700—1000 hexap.)». — Typus: LE sec. SCHISCHKIN 1936/F: 443 (specimen a loco «Perimbal»); vidi specimen auth. «*Cerastium microspermum* C. A. MEY. Nobisc. com. ill. Dr. C. A. MEY. 35, Talüsch» (Herbarium TRAUTVETTER: LE 14364). —

Citatur in BOISSIER 1867: 718, BORNMÜLLER 1905: 127, GRENIER 1841: 16—17, FENZL 1842/R: 400, GROSSHEIM 1927/T: 19, HOHENACKER 1838: 403, KOMAROV 1952: 282, LIPSKY 1899: 253, MEYER 1831: 222, PARSA 1951: 1211—1212, SCHISCHKIN 1936/F: 442—443, TRAUTVETTER 1881: 425.

Species annua, c. (6)—12—20 cm alta, pilosa et glandulosa. — Cellula summa pilorum glanduliferorum (fig. 16) ± clavata usque ad ± globosa, pilorum eglandulosorum (fig. 39) ± acuta vel obtusa. Cellulae pilorum ± longitudine aequali (vel mediae vel inferae longiores) et in exsiccando saepe a lateribus comprimuntur. — Folia superiora oblonga usque ad lanceolata, semper utrimque glandulosa, c. 13—16 mm longa et 3—4 mm lata. — Bracteolae infimae utrimque glandulosa et formâ foliorum, summa parvae. — Pedicellus primarius post anthesin plerumque reflexus, fructifer erectus, 1,5—2-plici longitudine calycis. — Sepalum extremum c. (4)—6—8 mm longum, in apice glabrum et scarioso-marginatum. — Petala 5, ad basim in marginibus ± ciliata vel raro glabra, ± longitudine calycis, biloba (ad $^1/_5$—$^1/_3$ longitudinis incisa). — Filamenta c. (1,5)—3—4 mm longa, ad basim glabra vel raro ciliata; antherae c. (0,3)—0,8 mm longae. — Styli (fig. 78) 5, c. (1,5)—3—3,9 mm longi. — Capsula (fig. 90) matura recta, c. 8—13 mm longa, dentibus 10 siccis in apice circinato-revolutis typo «*Strephodon*». — Placenta (fig. 100) racemosa funiculis longis.— Semina chondrospermia, ferruginea, diametro c. 0,6—0,9 mm. Verrucae (fig. 60) seminum usque ad (0,02)—0,06 mm altae, obtusoconoides vel cumuliformes.

*Distr. gen. speciei:* Caucasus, Talysch, Iran. — Species crescit in altitudine 400—2600 m, in lapidosis schistosis. — Tab. IV.

Specimina visa citataque:

40°—35° N et 45°—50° E = 11 G² = Ussr: distr. Zuvant (Le 14359 + 14365), Lenkoran: Busatschar (Le 14366/1 + 14368), Distr. Talysch: Küs-Jurdi (Le 14360 + 14361 + 14362 + 14363 + 14367 + 14369 + 14530), Talysch (Le 14364 + M 13355). — Iran, prope Rudbar (G 14784, Je 14896, K 15071, Le 14531, WU 10735), entre Rudbar et Mandjil (Parsa 1951: 1212).

***C. multiflorum*** C. A. Meyer 1831: 222: «In regione subalpina ad torrentem Terek prope pagos Kobi et Sion (alt. 800—1000 hexap.); porro in alpibus Tufandagh Caucasi orientalis (alt. 1400 hexap.)». — Typus: Le sec. Schischkin 1936/F: 442; vidi specimen auth. «*Cerastium multiflorum.* In alpibus Tufandagh d. 31. Julii m. 1830. Enum. cauc. casp. No. 1908» (Le 14348).

Citatur in Fenzl 1842/R: 401, Hohenacker 1838: 403.

Species annua sec. diagnosem originalem, sed perennis sec. Schischkin 1936/F: 442 et sec. specimen auth. («Tufandagh»: Le 14348) et alia (Le, Wu) ut mihi videtur; c. 10—25 cm alta, pubescenti-pilosa et glandulosa. — Cellula summa pilorum glanduliferorum (fig. 17—18) ± ellipsoidea usque ad fere cylindracea, pilorum eglandulosorum (fig. 40) ± acuta vel obtusa. Cellulae pilorum ± longitudine aequali (vel mediae vel inferae longiores) et in exsiccando saepe a lateribus comprimuntur. — Folia superiora ± anguste ovata acutaque, subamplexicaulia, puberula, usque ad 15—17 mm longa et 4—5 mm lata. — Bracteolae infimae late ovatae, basi amplexicaules, foliaceae. — Pedicellus primarius post anthesin reflexus, fructifer 2—3-plici longitudine calycis. — Sepalum extremum 7—9—(11) mm longum, in apice vix angustissime scarioso-marginatum. — Petala 5, ad basim ciliata, 1,5—2-plici longitudine calycis, biloba et fere ad medium incisa. — Filamenta c. 5—(7) mm longa, ad basim barbato-ciliata; antherae c. 1,2—1,4 mm longae. — Styli (fig. 79) 5, c. 3—4 mm longi. — Capsula (fig. 91) matura recta, c. 14—15 mm longa, dentibus 10, siccis in apice circinato-revolutis typo «*Strephodon*». — Placenta (fig. 101) racemosa vel fere radiata funiculis longis. — Semina chondrospermia, ferruginea, diametro c. 1,4—1,6 mm. Verrucae seminum (fig. 61) usque ad 0,03—(0,06) mm altae, cumuliformes.

*Distr. gen. speciei:* Caucasus, Talysch. — Species crescit in regione subalpina in altitudine 1300—1600 m, in locis irriguis ad rivum. — Tab. IV.

Specimina (non visa e regione tractata) citata:

40°—35° N et 45°—50° E = 11 G² = USSR: Talysch, ad rivum Kargar prope castellum Schuscha (HOHENACKER 1838: 403).

*C. napalense* WALLICH 1828: 19 «628 Cerastium napalense, WALL. Nepalia 1821». Mihi videtur WALLICH in suo catalogo, l. c., «*napalense*» et non «*nepalense*» (hoc modo citatum in IND. KEW. 1893: 485) scripsisse. EDGEWORTH & H. 1874: 228 in textu *C. vulgati* («var. 3. *grandiflora* DON») etiam scripsit «*C. napalense* WALL. Cat. 628»! Numerus «1821» indicat, specimen citatum anno 1821 in museo («East India Company's Museum») allatum esse. — *C. napalense* WALL., l. c. = *C. nipaulense* DON 1831: 445 = *C. Thomsoni* HOOKER sec. opinionem meam. — «*C. napalense* var. *elongatum*» et «*C. napalense* var. *ovalifolium*» in schedis K sec. WILLIAMS 1921: 350 (in textu *C. grandiflori* DON) = *C. napalense* WALLICH e syn.

***C. nemorale*** M. a BIEBERSTEIN 1819: 317 «in nemoribus promontorii Caucasi septentrionalis, circa oppida Stauropolin, Alexandrow et alibi. ☉». — Typus: LE sec. SCHISCHKIN 1936/F: 444 (non vidi). — Non *C. nemorale* UECHTRITZ apud BLOCKI in Öst. Bot. Z. XXXVI, 1886: 285.

Citatur: *C. nemorale* KOMAROV 1952: 285, SCHISCHKIN 1936/F: 444.

Species annua, c. 25—75 cm alta, pilosa et glandulosa. — Cellula summa pilorum glanduliferorum ovoidea usque ad ellipsoidea, pilorum eglandulosorum ± acuta. Cellulae pilorum ± longitudine aequali vel mediae longiores, in exsiccando saepe a lateribus comprimuntur (confer fig. 29). — Folia superiora anguste ovato-lanceolata usque ad lanceolata, utrimque pilosa et glandulosa, c. 20—50 mm longa et 5—10—(20) mm lata. — Bracteolae infimae utrimque pilosae glandulosaeque, formâ foliorum. — Pedicellus primarius post anthesin patens vel reflexus, 1,5—4-plici longitudine calycis. — Sepalum extremum c. 6,5—11 mm longum, sine apice hyalino, pilosum glandulosumque. — Petala 5, ad basim in marginibus superficieque ciliata, calyci c. aequilonga, biloba (ad $^1/_4$ longitudinis incisa). — Filamenta 3—4 mm longa, ad basim ciliata; antherae c. 0,9—1—(1,4) mm longae. — Styli 5, c. 2,5—3,5 mm longi. — Capsula matura recta, 1,5—1,7-plici longitudine calycis, dentibus 10 siccis in apice circinato-revolutis typo «*Strephodon*». — Placenta radiata funiculis longis. — Semina chondrospermia, brunnea, diametro c. 0,85—1,25 mm. Verrucae seminum usque ad 0,045—0,08 mm altae, plerumque conoides vel interdum usque ad cumuliformes.

*Distributio gen spec.:* Tauria usque ad Caucasum, Transcaucasia usque ad «Talysch». — In Bataviâ europaea («Huister Heide»: L 3788 + 4218) probabiliter effugitum ex hortis botanicis lectum est. — Non in Galicia orientali (vide GRAEBNER 1917: 577), a qua BLOCKI («Correspondenz» in Öst. Bot. Z. XXXVI, Wien, 1886: 285) «*C. nemorale* UECHTRITZ» (non M. a BIEBERSTEIN!) notificavit.

Specimina (non visa e regione tractata) citata:
40°—35° N et 45°—50° E = 11 G² = USSR: Lenkoran-Gebiet (KOMAROV 1952: 285), Talysch (SCHISCHKIN 1936/F: 444).

«*C. nepalense* WALL. Cat. n. 628» in IND. KEW. 1893: 485 = «*C. glomeratum?*» sec. IND. KEW. l. c. — Vide *C. napalense* WALLICH 1828: 19 et *C. nipaulense* DON 1831: 445.

*C. nipaulense* DON 1831: 445 «♃. H. Native of Nipaul at Narainhetty. *C. grandiflorum*, D. DON, prod. fl. nep. 216». = species perennis grandifloraque sec. descriptionem. Qua re ego *C. nipaulense* ad speciem *C. Thomsoni* HOOKER pono (vide «*C. grandiflorum* DON»). — Vide *C. napalense* WALLICH et *C. nepalense* WALL.! — «*C. nipaulense* WALL. ex G. DON, Gen. Syst. i. 445 (1831). — Nepal.» in IND. KEW. 1929: 46 sine syn.

***C. pentandrum*** LINNAEUS 1753: 438: «in Hispania». — Typus: LINN (GZU/IDC vidi); specimen auth. «*Cerastium pentandrum* MATRITI lectum a LOEFLING 1751» vidi: S.

Citatur: *C. balearicum* GILLI 1963: 258 e specimine viso (GILLI — 1389 «*C. dentatum*»: W 12330). — *C. pentandrum* PARSA 1951: 1216 = *C. glomeratum* THUILL. e spec. cit. («RECHINGER — 16»), RECHINGER 1941: 393 = *C. glomeratum* THUILL. e specimine viso (RECHINGER — 16: W 10256), RECHINGER 1964: 233 = *C. pentandrum* L. (K 10339).

Secundum investigationem meam (MÖSCHL 1964: 77—80) *C. pentandrum* L. (petala: fig. 66—69), species annua et in regione tractata semper glandulosa (= f. *pentandrum*), a *C. balearico* HERMANN (vide hoc) solum bracteolis infimis diversum est. Bracteolae primariae (= infimae) *C. pentandri* semper formâ foliorum et utrimque pilosae, at in *C. balearico* etiam bracteolae infimae ut bracteolae superiores semper supra glabrae cum apice scarioso (ad $^1/_3$—$^1/_2$ longitudinis bracteolae). Si bracteolae infimae *C. balearici* abnormaliter crescunt et apicem scariosum fere deperdunt, determinatio incerta evadit.

In schedis *C. pentandrum* interdum cum *C. glomerato* THUILL. et speciebus generis ARENARIA (BARKLEY — 5870: K 15033. — BOWLES — 2234: K 15030) confunditur.

*Distributio gen. speciei:* Africa septentrionalis, regiones mediterraneae Europae, Asia Minoris, Iraq, Somchetiae usque ad Asiam centralem. — Species crescit in regione tractata ad altitudinem 1950 m in associatione «*Caricetum alpinae*» (sec. GILLI 1963: 258 sub nomine «*C. balearicum*»). — Tab. VI.

Specimina visa citataque:

40°—35° N et 45°—50° E = 11 G² = Iran: Marivan (K 15051/2).

40°—35° N et 65°—70° E = 11 J² = NE-Afghanistan: bei Basarak (W 12330 «*C. dentatum*»), Unterstes Taganak-Tal (M 15314).

35°—30° N et 40°—45° E = 12 G¹ = Iraq: Khanaguin (K 10339 + 15047).

***C. perfoliatum*** LINNAEUS 1753: 437 errore notavit «in Graecia» (in qua regione species adhuc non inventa est), at typus certe lectus «in Oriente» (vide: LINNAEUS in Hort. Cliff. 1737: 173 nr. 1). — Typus: LINN (GZU/IDC = imaginem vidi).

Citatur in BLAKELOCK 1949: 396, BORNMÜLLER 1910/K: 89 + 1911: 150 + 1915: 279, BUHSE 1860: 42, CHIOVENDA 1900: 7 (Mesop.), FEDTSCHENKO 1906: 323, HOHENACKER 1838: 403, KOMMAROV 1952: 286, LITWINOW 1907: 109, MÖSCHL 1964: 80—81, PARSA 1951: 1212, PAU & V. 1918: 9, SCHISCHKIN 1936/F: 446.

Species annua, c. (10)—14—50—(60) cm alta, ± glauca et semper fere tota glabra vel pilis nonnullis obtusis in basi foliorum infimorum. — Cellula summa pilorum eglandulosorum (fig. 41) semper distincte obtusa, cellulae reliquae ± longitudine aequali (vel mediae vel inferae longiores) et in exsiccando saepe a lateribus comprimuntur. — Folia superiora oblonga, oblongo-ovata vel ± elliptico-lanceolata, in basi connata in poculum circa caulem, c. (6)—10—20—(40) mm longa et (3)—4—7—(19) mm lata. —

Bracteolae infimae formâ foliorum, etiam in basi in poculum connatae, interdum fere rotundae. — Pedicellus primarius semper erectus, fructifer (1)—2—3,5-plici longitudine calycis. — Sepalum extremum in apice angustissime scarioso-marginatum, c. (6)—10 — 14 mm longum. — Petala 5, glabra vel in basi brevissime subciliata, calyce breviora, biloba (ad $^1/_8$ longitudine incisa). — Filamenta glabra, c. 3—4 mm longa; antherae c. 0,2—0,5 mm longae. — Styli (fig. 80) 5, c. 1,1—1,5 mm longi. — Capsula (fig. 92) matura recta, (15)—20—30 mm longa, nervis 20 in basi, at saepe solum 10 ad dentes percurrentibus. Dentes capsulae 10, sicci in apice ± circinato-revoluti typo «*Strephodon*». — Placenta (fig. 102) radiata funiculis longis. — Semina chondrospermia, ferruginea, diametro (0,5)—0,8—1—(1,5) mm. Verrucae seminum (fig. 62—63) usque ad (0,04)—0,06—0,1—(0,2) mm altae, nonnullae semper conoides vel mammosae areâ centrali perlucidaque, scabrae.

*C. perfoliatum* a *C. chloraefolio* FISCH. & M. macropetalo petalis calyci aequilongis vel brevioribus et filamentis glabris differt.

*Distr. gen. speciei:* Africa septentrionalis; Europa: Hispania, Hungaria («Betsia» sec. GOMBOCZ 1945: 247), Bulgaria, Moscovia australis; Asia occidentalis: Bosporus usque ad Alatau. — Species crescit in regione tractata (Tab. IV) in altitudine 400—2000 m (Iran), in graminosis siccis, in segetibus, in hortis irriguis, prope ripas fluminum.

Specimina visa citataque:

40°—35° N et 40°—45° E = 11 G¹ = Iraq: Amadia (K 15073), Serizor (K 15072). — Iran: prope Diliman (BORNMÜLLER 1910/K: 89).

40°—35° N et 45°—50° E = 11 G² = USSR: Talysch, prope Helenendorf (HOHENACKER 1838: 403). — Kurdistania: Süverek, Kainar (E 10078, G 14790, K 15074, M 13508). — Iran: Tebris (BORNMÜLLER 1910/K: 89), Marivan (K 15032, L 15294, W 14596), Aq Bulaq (W 12324).

40°—35° N et 50°—55° E = 11 H¹ = Iran: Kazwin (G 12314, W 3527 + 12341). Bei Teheran (G 12313, BORNMÜLLER 1915: 279), Ssamamgebirge (LE 14523b). — USSR, Krasnowódsk (C 15522).

40°—35° N et 55°—60° E = 11 H² = USSR: Ashabad (G 14794, JE 14966).

35°—30° N et 45°—50° E = 12 G² = Iran: Dorud (W 11521 + 11522). Valle de Bazouft (MA 8017), Gotvend (MA 8016), Gordan (K 15075).

35°—30° N et 50°—55° E = 12 H¹ = Persia: ad Ispahan (E 10079 + 10080, G 14795, GZU 3214, JE 14964 + 14970 + 14973, LE 14524, M 13513, MA 8018).

Situs locorum sequentium mihi ignotus est: Mesopotamien: Razda (CHIOVENDA 1900: 7).

***C. persicum*** BOISSIER 1842: 54 «in monte Persiae Elwind. AUCHER pl. exs. No. 610.». — Typus: Specimen auth. vidi schedis «610 *Cerast.* alpes Elwind ad rivulos M. AUCHER-ELOY 1837» +

«AUCHER. n. 610. *Cerastium persicum* BOISSIER. Diagn. I. p. 54» + «Herbier De CANDOLLE Donné en 1921 ...» (G 14797).

Citatur in AUCHER-ELOY 1843: ... (sine nomine: «610 *Cerastium* Sp. Nova Mte Elwind»). — *C. persicum* BOISSIER 1842: 54 + 1867: 716, BORNMÜLLER 1905: 126—127, PARSA 1951: 1211. — *C. Schischkinii* GROSSHEIM? (vide hoc).

Descriptio sec. specimen auth. (G 14797):

Species perennis mea opinione et tota glabra, c. 7—10 cm alta, habitu *C. cerastoidis* (L.) BRITTON. — Folia superiora ± linearia (interdum fere lineari-spathulata), c. 14—18 mm longa et 1—2 mm lata. — Bracteolae infimae formâ foliorum usque ad anguste ovato-lanceolata. — Pedicellus primarius post anthesin ± refractus, fructifer 2—4-plici longitudine calycis = c. 10—15 mm longus. — Calyx numquam nutans. Sepalum extremum usque ad apicem viride, non scarioso-marginatum; sepala interiora scarioso-marginata. — Petala 3—4 mm longa, lineari-cuneata, calyce breviora, glabra, bifida (ad $^1/_7$—$^1/_8$ longit. incisa). — Filamenta 5 (vel plus?), c. 0,9—2 mm longa, glabra; antherae c. 0,15 usque 0,4 mm longae. — Styli 3, c. 0,4—0,6 mm longi. — Capsula matura recta, c. 7—8 mm longa, nervis 6, dentibus 6 siccis circinato-revolutis typo «*Dichodon*». — Placenta racemosa funiculis longis. — Semina chondrospermia, diametro c. 0,8—1 mm, subflava usque ad badia, subcompressa. Verrucae seminum c. 0,03 usque 0,05 mm altae, ± cumuliformes.

BOISSIER 1842: 54 notat: «Prope *C. anomalum* W. K. collocandum quod radice annuâ ... sat differt.». — *C. persicum* speciebus *C. cerastoides* (L.) BRITTON et *C. dubium* (BASTARD) GUEPIN (quae inter se simillima sunt) simillimum est. *C. cerastoides* interdum totum glabrum [= f. *glabrum* (KOTULA) MÖSCHL: Kuh Alwend, 6500 ft. (FURSE: W 14604, stylis brevissimis et petalis calyce vix longioribus, inter specimina glandulosa crescens), Montes Bachtiarici, ad rivulos jugi Kellar, sine nota de altit. (ALEXEENKO — 808: LE 14515; styli non mensuravi)], at *C. dubium* semper in inflorescentia glandulosum est. *C. dubium* etiam in regione eadem in altitudine 4500—7000 ft. lectum est: Kuh-i-Savalon, West of Arbadil (FURSE: W 14601), Taq-i-Bustan, Kermanschah (FURSE: W 14602). *C. cerastoides* et spec. auth. *C. persici* post anthesin pedunculi reflexi habent, quod *C. dubium* numquam habet. E nodis *C. cerastoidis* radices adventivae tenuissimae exoriuntur, numquam e nodis *C. dubii*. In capsulis seminibusque *C. cerastoides* et *C. dubium* non diversa sunt. *C. cerastoides* flores magnitudine variabillissime habet. Qua re *C. persicum* speciem gregis «*C. cerastoides*» [forsan solum modificatio formae «*glabrum*

(KOTULA) MÖSCHL»] petalis stylisque brevissimis esse opino. Etiam specimen «J. BORNMÜLLER: Iter Persicum alterum. 1902. No. 6432 *Cerastium persicum* BOISS. var. . . . determ. ipse. Persia borealis: m. Elburs occid., in alpinis inter Asadbar et Getschesär. 2500 m. s. m. 1902. VI. 19. leg. J. et A. BORNMÜLLER» (LE 14559; vide BORNMÜLLER 1905: 126) specimine auth. convenit.

*Distr. gen. speciei:* Persia, mons Elwind, montes Bachtiarici, Elburs. — Species crescit in altitudine c. 2500 m, in alpinis ad rivulos. — Tab. III.

Specimina visa citataque:

40°—35° N et 50°—55° E = 11 H¹ = Iran: Prope Teheran (K 15067b), in valle Lur, inter Getschesär et Asadbar (JE 14867, LE 14559).

35°—30° N et 45°—50° E = 12 G² = Iran: Alpes Elwind (G 14797, K 15067a/1).

*C. pumilum* var. *procumbens* STAPF 1886: 289—290 («prope Rescht») = *C. glomeratum* THUILL. e spec. visis (WU).

***C. purpurascens*** ADAM (saepe falso scriptum «ADAMS») 1805: 60: «Ossetia». — Typum non vidi: Mw sec. SCHISCHKIN 1936/F: 454.

Citatur: *C. collinum* (vide hoc). — *C. elbrusense* (vide hoc). — *C. elbursense* (vide hoc). — *C. Kasbek* (vide hoc). — *C. macrocarpum* (vide hoc). — *C. purpurascens* BLAKELOCK 1957: 186, KOMAROV 1952: 290, SCHISCHKIN 1936/F: 453—454. — Sec. GRENIER 1841: 79 «in hortis botanicis sub nomine *C. collini* LEDEB. et *C. macrocarpi* STEV. saepè colitur.».

Species perennis, c. (3)—10—22—(50) cm alta, semper tota pilosa et glandulosa, saepe radicibus purpureis (iam sec. BORNMÜLLER 1905: 128 in textu *C. elbursensis*). — Cellula summa pilorum glanduliferorum (fig. 19—23) interdum cylindracea vel plerumque ellipsoidea vel ovoidea, pilorum eglandulosorum (fig. 42—44) ± obtusa. Cellulae pilorum eglandulosorum ± longitudine aequali (vel mediae vel inferae longiores) et in exsiccando saepe a lateribus comprimuntur. — Folia superiora ovata vel oblongo-ovata vel lineari-ensiformia vel oblongo-elliptica vel anguste lanceolata, utrimque pilosa glandulosaque, c. 15—25—(40) mm longa et (2)—3—5 mm lata. — Inflorescentia in extremis partibus umbellata vel in plantis paucifloribus tota umbellata. — Bracteolae infimae foliaceae (utrimque pilosae glandulosaeque) vel formâ squamularum (interdum supra glabra). — Pedicellus primarius post anthesin saepe reflexus, fructifer erectus, (1,2)—2-plici longitudine calycis. — Sepalum extremum solum pilis glanduliferis vestitum, in apice glabrum et scarioso-marginatum. — Petala 5, ad basim ciliata, 1,3—2-plici longitudine calycis, biloba (ad $^1/_5$—$^1/_8$ longitudinis incisa), sec. diagnosem originalem in vivo purpurascentia. — Filamenta 10, c. 4,5—7 mm longa, omnia ad basim ciliata; antherae c. 1,3—1,8 mm longae, luteae vel silaceae. — Styli (fig. 81) 5, c. (2,5)—3,5—4 mm longi, solum in superiore parte papillosi. — Capsula (fig. 93) matura recta fere, dentibus 10 siccis in marginibus lateralibus revolutis typo «*Orthodon*». — Placenta (fig. 103) matura radiata vel racemosa funiculis longis. — Semina chondrospermia, ferruginea, compressa, diametro 1—1,2—(1,5) mm. Verrucae (fig. 64—65) seminum usque ad 0,04—0,07 mm altae, semiglobosae, scabrae.

*Distributio gen. speciei:* Asia Minor usque ad fines «Afghanistan». — Species crescit in regione tractata (Tab. III) in altitudine 3000—4100 m in regionibus alpinis, in declivibus vel glareosis calcareis, etiam in solo serpentinico et schistaceo metamorphico. Extra regionem tractatam species ad 1800 m descendit.

*C. purpurascens* var. *purpurascens* (sec. CODE 1961): Folia superiora latitudine maxima semper sub dimidio, ovata vel oblongo-ovata usque ad lineari-ensiformia. Varietas crescens in regione tota speciei usque ad regionas alpinas, plerumque 10—38 cm alta, uni- vel multifloris. — Typus var. = typus speciei. — Syn.: *C. purpurascens* ADAM 1805: 60.

Secundum formam foliorum superiorum et bractearum infimarum varietas purpurascens in formas sequentes, quae alia aliam continuant, etiam in diversis regionibus crescunt, dividi potest:

*C. purpurascens* forma *ensifolium* MÖSCHL, f. n.: Folia superiora et bracteae infimae oblongo-elliptica usque ad ensiformia, quod latitudo horum: longitudo horum = 1: 4—13 (vel magis). — Typus: E (= MÖSCHL nr. rev. 10165: «DAVIS & HEDGE (D. 29637). *Cerastium*-Turkey. Prov. Kars: S. W. side of Kisir Dag, between Kars & Ardahan, 2150 m. Pasture. Perennial. 16. 6. 1957»).

*C. purpurascens* forma *purpurascens* (sec. CODE 1961): Folia superiora et bracteae infimae (quae etiam interdum sepalis similes et supra glabra sunt) ± ovata, quod latitudo horum: longitudo horum = 1: 2—3,5—(4). Habitus saepe humilior. — Syn.: *C. purpurascens* ADAM 1805: 60.

*C. purpurascens* var. *elbrusense* (BOISSIER) MÖSCHL, st. n.: Folia superiora latitudine maxima numquam sub dimido, sed in dimidio vel in superiore parte, lineari-spathulata usque ad angusto-lanceolata vel oblongo-elliptica. Varietas solum crescens in regionibus alpinis, 3—9 cm alta, humilis vel pulviniformis et paucifloris (1—3). GILLI 1939: 340 species associatas in confragosis montis Demawend citat. — Typus var. = typus *C. elbrusensis* BOISSIER

1867: 729 (vide hoc). — Syn.: *C. elbrusense* BOISSIER 1867: 729. — *C. elbursense* BORNMÜLLER 1905: 127. — Var. *elbrusense* interdum cum *C. cerastoidi* confunditur (vide BLAKELOCK 1957: 185 — *C. elbr.*), at cellula summa pilorum glanduliferorum formâ diversâ est.

Varietates omnes et formae earum serie non interruptâ coniunctae sunt, saepe permixte crescunt et non semper certe distingui possunt. E regione tractata solum var. *elbrusense* vidi.

Specimina visa (si forma non notata semper «var. elbrusense») citataque: 40°—35° N et 40°—45° E = 11 G¹ = Iraq: m. Helgurd (Mö + W 10345), Arl Gird Dagh («*C. trigynum*»: K 15039). — Kurdistan (K 15041 = f. *purpurascens*, K 15040 = f. *ensifolium*. — BLAKELOCK 1957: 186 «These two specimens are probably not from Iraq.»).

40°—35° N et 45°—50° E = 11 G² = Talysch (SCHISCHKIN 1936/F: 454).

40°—35° N et 50°—55° E = 11 H¹ = Iran: Teheran (BM 10250), Elburs = Elbrus: Häsartschal («*C. elbrusense*»: E 10052, G 14713 + 14714, JE 14898, K 15036, LE 14552a, W 10304. — «*C. Kasbek*»: G 14715 + 14782, K 15038, LE 14553a, M 13865, W 10305), Elamont («*Arenaria*»: G 14716 + 14717, K 15037, LE 14533b, W 10306 + 10307), Demawend (G 14712, JE 14897, LE 14552b, W 12342 + 15127 + 15129). — M. Shahvar (Mö + W 3536).

*C. rotundifolium* FISCHER 1812: (58) = *C. glomeratum* THUILLIER sec. IND. KEW. 1893: 485. — Solum in scheda: Lenkoran (? FISCHER: LE 14387) = *C. glomeratum* THUILL.

*C. Schischkinii* GROSSHEIM 1950: 9—10 «Azerbadjdzhan, respublica autonoma Nachitschevan, distr. Schachbuz, in trajecto Bitschenach ca. 2500 m, in pascuis 16 VI 1947, fl. fr., A. GROSSHEIM, I. ILJINSKAJA et M. KIRPITCZNIKOV». — Typum non vidi: LE sec. GROSSHEIM l. c.

Citatur: GROSSHEIM l. c.: «Iran, in m-te Demavend». KOMAROV 1952: 281.

*C. Schischkinii* sec. descriptionem originalem: «Affine *C. anomalo* W. K.». — Species annua, 4—6—(10) cm alta. — Folia linearia vel anguste linearia, glabra, 4—7—(11) mm longa et 0,5—1—(2) mm lata, acuta. — Inflorescentia ± glandulosa vel rarius subglabra. — Pedicelli floribus breviores vel eos subaequantes. — Sepala 3—4 mm longa, petala subaequantia. — Petala 3—4 mm longa, oblonga vel obovato-oblonga apice emarginata. — Styli 3. — Capsula 5—6 mm longa dentibus apice revolutis. — Semina fusca, c. 0,5 mm in diametro, suborbicularia compressa, minute tuberculata.

In monte Demavend, de quo GROSSHEIM 1950: 9 specimen *C. Schischkinii* vidit, solum *C. cerastoides* (L.) BRITTON et *C. persicum* BOISS. stylis 3, foliis glabris et dentibus capsularum apice revolutis crescunt, sed species ambae semina diluta (non fusca!) habent. *C. persicum* etiam species annua esse dicitur, at forsan perenne et forma subglabra vel glabra tenuisque *C. cerastoidis* est. Qua re *C. Schischkinii* opinione meâ ad *C. persicum* (vide hoc) vel ad *C. cerastoidem* ponendum est.

*Distributio gen. speciei:* In regione montana Transcaucasiae nec non Asia Minoris et montis Demavend (sec. GROSSHEIM l. c.). — Tab. III.

Specimina nulla vidi.

***C. semidecandrum*** LINNAEUS 1753: 439 «in campis apricis sterilissimis Europae borealis». — Typus: LINN sub nr. 7 (reproductionem photographicam vidi: GZU).

Citatur: *C. balearicum* MÖSCHL 1949: 26 + 58 pro min. pte. [solum nota «Lenkoran (FENZL 1842: 406)» ad C. semid. ponenda est]. — *C. semidecandrum* BLAKELOCK 1957: 186 = *C. balearicum* HERM. (sec. BLAKELOCK l. c.), FENZL 1842/R: 406, HOHENACKER 1838: 404, LITWINOW 1907: 109, KOMAROV 1952: 288, SCHISCHKIN 1936/F: 450—451.

*C. semidecandrum* (species annua) a *C. balearico* HERMANN (vide hoc et nr. 13b clavis) solum diversum petalis, quae in *C. semidecandro* filamentis semper longiora et plerumque acutiuscule biloba (= f. *semidecandrum*) vel interdum etiam denticulata [= f. *stenopetalum* (BECK) HEGI], at in *C. balearico* filamentis numquam longiora et semper denticulata vel integra sunt. *C. semidecandrum* species regionum coelo extramediterraneo, at *C. balearicum* species regionum coelo mediterraneo est. — In regione tractata f. *semidecandrum* et f. *stenopetalum* (BECK) HEGI collectae sunt. Specimina collecta ab HOHENACKER (1838: 404: «Prope Lenkoran»: LE 14466) bracteolas infimas habent, quae utrimque hirsutae sunt. Specimina eadem in MÖSCHL 1949: 50 + 58 (Fig. 50: 11 G²) tractata [«Lenkoran (FENZL 1842: 406)»] sub specie «*C. balearicum* HERMANN» sec. locum citatum, quod tunc specimina auth. non videri potui.

*Regio gen. speciei:* Europa exceptis regionibus mediterraneis peninsulae Pyreneae et peninsulae Balcanicae; Asia occidentalis (disperse) exceptis regionibus mediterraneis, in Asia reliqua ad Japoniam citatur. Species in Africam septentrionalem, in Australiam meridionalem, in Americam septentrionalem et in insulam Groenlandicam immigravit. — Tab. VI.

Specimina visa citataque:

40°—35° N et 45°—50° E = 11 G² = Talysch: Lenkoran (LE 14465 + 14466).

40°—35° N et 55°—60° E = 11 H² = Ashabad (BP/Deg mixtum cum *C. glomerato* THUILL.).

*C. sphaerophyllum* HAUSSKNECHT e FREYN 1902: 842 «*Cerastium sphaerophyllum* HAUSSKN. in SINTENIS exsicc. itin. orient. 1890, no 2054! (sine descript.). Bender-Ges, auf Weideplätzen, 31. III. 1901.». — Vidi: «P. SINTENIS: Iter transcaspico-persicum 1900 — 1901. No 1467. *Cerastium sphaerophyllum* HSSKN. Persia borealis; prov. Asterabad; Bender Ges: in pascuis. 31. III. 1901. determ. J. FREYN» (JE 14943, K 15034, M 13072 + 13073). Specimina visa pro *C. glomerato* THUILLIER, f. *apetalo* (DUM.) MURB. (JE 14943, K 15034, M 13073) et f. *glomerato* (M 13072) determinavi, at FREYN 1902: 842 speciem iniuriâ ad *C. pumilum* CURTIS posuit. — V. cl. HAUSSKNECHT mortuus est «7. VII. 1903», qua re *C. sphaerophyllum* (lectum a. 1901) ab eo non descriptum publicatumque est, ut iam FREYN l. c. notavit.

Citatur: FREYN 1902: 842, PARSA 1951: 1217.

*C. tauricum* SPRENGEL 1819: 10 = *C. brachypetalum* DESP. f. *brachypetalum* sec. MÖSCHL 1964: 45—46, non subsp. *brachypetalum* JANCHEN 1956: 157.

Citatur: KOMAROV 1952: 288 (Lenk. gori, Tal.), SCHISCHKIN 1936/F: 449—450 (Talysch).

Specimina e regione tractata sub hoc nomine citata cognitione meâ ad *C. luridum* GUSS. ponenda sunt. De diversitate *C. brachypetali* a *C. lurido* vide *C. brachypetalum* DESP.

***C. Thomsoni*** HOOKER f. 1874: 228 «Temperate Western Himalaya; Kishtwar, alt. 11—12,000 ft., T. THOMSON; Kumaon, alt. 10,000 ft., STRACH & WINT.; Lahul, JAESCHKE.». — Typum e regione Kishtwar (lectum a v. cl. THOMSON) non vidi: K probabiliter sec. IND. COLL. 1957: 284. Vidi specimina auth. e regionibus Kumaon (K 15096a) et Lahul (K 15096b).

Citatur: «*C. glomeratum* var. *floridum*» (in scheda K) et *C. glomeratum* var. *nepalense* WILLIAMS 1921: 350 = *C. napalense* WALLICH e syn. — *C. grandiflorum* HAMILTON ex DON 1825: 216. — *C. napalense* WALLICH 1828: 19. — «*C. napalense* var. *elongatum*» et «*C. napalense* var. *ovalifolium*» WILLIAMS 1921: 350. — *C. nepalense* WALLICH sec. IND. KEW. 1893: 485. — *C. nipaulense* DON 1831: 445. — *C. Thomsoni* AITCHISON 1882: 153, MIZUSHIMA 1960: 110. — *C. triviale* var. *napalense* WILLIAMS 1921: 350. — *C. vulgatum* var. 3. *grandiflora* HOOKER 1874: 228. — *Stellaria Thomsoni* (vide hoc).

Species perennis, c. 6—20—(50) cm alta, pilosa et glandulosa, habitu *C. alpini* L., at plerumque robustior. — Cellula summa pilorum glanduliferorum (fig. 24) globosa vel brevi-clavata, pilorum eglandulosorum (fig. 45) acutissima est. Cellulae pilorum eglandulosorum apicem eorum versus plerumque longitudine progrediente sunt, in exsiccando formam non mutant. — Folia superiora interdum ± ovata, saepe oblonga usque ad lanceolata, c. 14—23—(37) mm longa et 4—5—(11) mm lata, utrimque pilosa et saepe ± glandulosa. — Bracteolae infimae plerumque foliaceae (utrimque pilosae glandulosaeque) vel interdum solum subtus pilis eglandulosis glanduliferisque vestitae et supra glabrae ut superiores bracteolae et sepala. — Pedicellus primarius post anthesin ± refractus, fructifer ± erectus, 2—3-plici longitudine calycis. — Sepalum extremum glandulosissimum et etiam ± pilosum, in apice scarioso-marginatum. — Petala 5, glabra vel rarissime ciliis nonnullis in basi, 1,3—2-plici longitudine calycis, biloba (ad $^1/_3$ longitudinis incisa). — Filamenta 10, c. 5 mm longa, glabra; antherae c. 0,9—1 mm longae, luteae. — Styli (fig. 82) 5, c. (2,5)—4 mm longi, solum in superiora parte papillosi. — Capsula matura subincurva, c. 11 mm longa (an longior?), dentibus 10 siccis in marginibus lateralibus revolutis typo «*Orthodon*». — Placenta matura bacillaris funiculis brevibus. — Semina chondrospermia, ferruginea, diametro c. 0,9—1 mm. Verrucae seminum usque ad 0,03—0,45 altae, cumuliformes vel tergiformes. — Fortasse biotypus gregis *C. alpini* L.? — *C. Thomsoni* sine floribus evolutis seminibusque a *C. holosteoidi* FRIES, ampl. HYL., non certe distingui potest (vide nr. 22 clavis).

*Distr. gen. speciei:* Afghanistan usque ad montes occidentales «Himalaya» et ad «Nepal». — Species crescit in regione tractata (Tab. V) in altitudine «11,000—12,000 feet», in graminosis alpinis.

Specimina visa citataque:

40°—35° N et 70°—75° E = 11 K[1] = Afghanistan: Donda-Pass (W 10351). — Kashmir: Naltar Valley (K 2888b + 15095 «*C. alpinum* var. *fischerianum*», LE 14516). — Pamir Region («*C. pumilum*»: K 15093).

35°—30° N et 70°—75° E = 12 K[1] = Afghanistan: Kuram Valley, Zeran pass (C 11530, K 15029, LE 14517a/1, S 15409).

35°—30° N et 75°—80° E = 12 K[2] = Lahul («*C. grandiflorum* DON»: K 15096b). Murgan Pass (K 15097).

30°—25° M et 75°—80° E = 13 K[2] = Kumaon: Madhari pass («*C. grandiflorum* DON, *arvense* L.»: K 15096a).

30°—25° N et 80°—90° E = 13 L = Napalia («*C. napalense*»: K 2885, M 2865) = *C. Thomsoni* (petalis 2-plici long. calycis) an non? Specimen «M 2865» olim det. pro «*C. holosteoides* FRIES, ampl. HYL.»! — Specimina K 2893 + L 3205 e Nepalia olim det. pro *C. holosteoides* FRIES, ampl. HYL., fortasse ad *C. Thomsoni* ponenda sunt.

*C. trigynum* VILLARS 1779: 48 = *C. cerastoides* (L.) BRITTON. Citatur in BOISSIER-BUSER 1888: 118, BORNMÜLLER 1897: 289 (β *Lalesarensis*, nomen nudum) et 1905: 126 et 1910/K: 89, BUHSE 1860: 42 (var. β *glandulosum*, var. γ *parviflorum*), DUTHIE 1898: 146, HOOKER 1874: 227, TRAUTVETTER 1881: 424. — In schedis «*C. trigynum* var. *elegans* FENZL» (vide «*C. elegans* FISCHER») = *C. cerastoides* [Cachmere (ROYLE: K 15070b)].

*C. triviale* LINK 1821: 433 = *C. holosteoides* FRIES, ampl. HYLANDER. — «*C. triviale* var. *napalense*» et «*C. triviale* var. *nepalense*» in schedis K sec. WILLIAMS 1921: 350 (in textu *C. grandiflori* DON) = *C. napalense* WALLICH e syn.

*C. viscosum* LINNAEUS 1753: 437—438 e typo in LINN (photocopia: GZU 12304) et GZU/IDC (imagines duas vidi) = *C. holosteoides* FRIES, ampl. HYLANDER, subsp. *triviale* (LINK) MÖSCHL. — *C. viscosum* auctorum sequentium autem = *C. glomeratum* THUILLIER: BLAKELOCK 1949: 396, BLATTER & F. 1934: 958 (specimina cit. non vidi), BUHSE 1860: 42, FENZL 1842/R: 405, MEYER 1831: 223, MIZUSHIMA 1960: 110 + 1966: 88, PARSA 1951: 1214—1215, TRAUTVETTER 1881: 425.

*C. vulgatum* LINNAEUS 1762: 627 (sine nota in textu utrum species perennis an non) = *C. glomeratum* THUILL. e typo in LINN (nr. 5) et GZU/IDC (vidi), at *C. holosteoides* FRIES, ampl. HYL., e descr. (vide LONSING 1939: 162/494—163/495) = nomen ambiguum in usu et pro *C. glomerato* THUILL. et pro *C. holosteoidi* FRIES, ampl. HYL., est. — Vide *C. viscosum* L.

Citatur: AITCHISON 1880: 37 («*C. vulgatum* L., var.» = *C. holost.* e spec. viso: K 15044), BORNMÜLLER 1910/K: 89 (= *C. holost.* e spec. viso «Tscharik»: WU 1097), FENZL 1842/R: 409 [= *C. glomeratum* e spec. viso «pr. Lenkoran! (C. A. MEYER)»: LE 14388], GILLIATH-SMITH & T. 1930: 306 (= *C. holost.* e spec. viso «Mishou Dagh»: K 15042), STAPF 1886: 290 (= *C. holost.* e syn. «*C. triviale* LINK»). — «*C. vulgatum* var. 1: *glomerata*» in HOOKER 1874: 228 = *C. glomeratum* THUILL. sec. WILLIAMS 1921: 327. — *C. vulgatum* var. 3. *grandiflora* DON in HOOKER 1874: 228 = *C. napalense* WALLICH e syn. — *C. vulgatum*? var. 5. *membranacea* HOOKER 1874: 228 = *C. Thomsoni* HOOKER? — *C. vulgatum*? var. 4. *tibetica* HOOKER 1874: 228 = *C. Thomsoni* HOOKER? — «*C. vulgatum* var. *glomerata*» in schedis = *C. holost.*: 12 K² = Laka, Dharmsala (CLARKE — 23844: K 2932a), NW-Himalaya, Chenab Valley (ELLIS — 299 A: K 15102). — «*C. vulgatum* var.

*grandiflora*» in schedis = *C. holost.*: 12 K[1] = Kashmir, Pir Pungul (LEVINGE — 27150: K 2932b).

*Leucostemma angustifolium* ROYLE ex BENTHAM in ROYLE 1834: 81, t. 21, f. 2 = «*Stellaria Webbiana*» WALL. sec. IND. KEW. 1895: 74. — Specimen sequens = *C. cerastoides* (L.) BRITTON: Fl. Pentapotamica, Lahul, convallis Zanskar-tsu (DRUMMOND — 8385 «*Leucostemma angustifolium* ROYLE»: K 15114).

***Myosoton aquaticum*** MOENCH 1794: 225. — Syn.: *C. deflexum* SERINGE 1824: 417.

*Stellaria cerastoides* LINNAEUS 1753: 422 = *C. cerastoides* (L.) BRITTON 1894: 150—151 e typo in LINN (GZU/IDC: imaginem vidi).

*Stellaria decumbens* ROYLE in scheda = *C. cerastoides* (L.) BRITTON e specimine viso: NW India (Herb. ROYLE «*Stellaria decumbens*»: K 15089b). — Non *St. decumbens EDG.*

*Stellaria elegans* SERINGE 1824: 400 = *C. trigynum* VILLARS sec. FENZL 1842/R: 396 et sec. IND. KEW 1895: 985 = *C. cerastoides* (L.) BRITTON. — Typus non in DC/IDC; herbarium custodiens? — Solum in scheda «Cachmere (ROYLE: K 15070b.)»

*Stellaria falcata* SERINGE 1824: 398 = *Cerastium falcatum* BUNGE 1835: 37 sec. BUNGE, l. c., at non sec. SCHISCHKIN 1936/F: 439 et sec. IND. KEW. 1895: 985 [= «*Stellaria davurica* WILLD. ex SCHLECHT. in Ges. Naturf. Fr. Berl. Mag. VII (1816) 195. — Dahuria»].

*Stellaria sabulosa* (FISCH! in litt.) e SERINGE 1824: 397 «in Persiâ circa Lenkheran. An var. *S. dubiae* BAST?» = *Cerastium anolum* sec. IND. KEW. 1895: 986 = *C. dubium* (BASTARD) GUEPIN. — Typus in DC (GZU/IDC «FISCHER 1819»: imaginem vidi).

«*Stellaria Thomsoni* H. f. II, t. 12» in scheda (non in IND. KEW. inveni) = *C. Thomsoni* HOOKER f. e. specimine viso «Zeran pass (AITCHISON — 288: K 15029)».

## Abbreviationes Herbariorum Revisorum

(sec. IND. HERB. 1964)

ANG = ANGERS, France: Herbier LLOYD, Place des Halles.
B = BERLIN, Germany: Botanisches Museum.
BM = LONDON, Great Britain: British Museum (Natural History).
BO = BOGOR, Indonesia: Herbarium Bogoriense.

Bp = Budapest, Hungary: Museum of Natural History, Department of Botany.

Bpi = Beltsville, Maryland, USA: The National Fungus Collections, Crops Research Division, Plant Industry Station.

C = Copenhagen, Denmark: Botanical Museum and Herbarium.

Dc = Herbarium De Candolle in G.

Deg = Herbarium Degen in Bp.

E = Edinburgh, Great Britain: Royal Botanic Garden.

Fi = Firenze, Italy: Herbarium Universitatis Florentinae, Istituto Botanico.

G = Geneve, Switzerland: Conservatoire et Jardin botaniques.

Gzu = Graz, Austria: Botanisches Institut.

He = Herbarium von Friedrich Hermann, Bernburg a. d. Saale, Anhalt, Germania.

Hu-Mo = Herbarium von Dr. A. Huber-Morath, Basel, Salinenstrasse 17, Helvetia.

Idc = Idc Micro-edition: Extended-Micro Edition of International Documentation Centre AB Hägelby House, Tumba, Sweden.

Je = Jena, Germany: Institut für Spezielle Botanik und Herbarium Haussknecht.

K = Kew, Great Britain: The Herbarium and Library.

Kra = Krakow, Polska: Herbarium Instituti Botanici Academiae Scientiarum Polonae.

L = Leiden, Netherlands: Rijksherbarium.

Ld = Lund, Sweden: Botanical Museum.

Le = Leningrad, Ussr: Herbarium of the Komarov Botanical Institute of the Academy of Sciences of the Ussr.

Linn = London, Great Britain: The Linnean Society of London.

M = München, Germany: Botanische Staatssammlung.

Ma = Madrid, Spain: Instituto «Antonio José Cavanilles», Jardin Botánico.

Manch = Manchester, Great Britain: The Manchester Museum, The University.

Mö = Herbarium des Dr. Wilhelm Möschl, A-8010 Graz III, Geidorfgürtel 46, Steiermark, Österreich.

Mw = Moscow, Ussr: Department of Botany of the Lomonosov State University of Moscow.

Nap = Napoli, Italy: Istituto Botanico dell'Universita di Napoli.

P = Paris, France: Muséum National d'Histoire Naturelle, Laboratoire de Phanérogamie.

S Stockholm, Sverige: Naturhistorika Riksmuseet, Botaniska Avdelningen.

Ups = Uppsala, Sweden: Institute of Systematic Botany, University of Uppsala.

W = Wien, Austria: Naturhistorisches Museum.

Wu = Wien, Austria: Botanisches Institut und Botanischer Garten der Universität Wien.

## Index librorum

Abbreviationibus iisdem pro bibliothecis atque pro herbariis (vide indicem eorum) utor.

Adam, Jo. Frid., 1805: Decades quinque novarum specierum plantarum Caucasi et Iberiae, quas in itinere comitis Mussin-Puschkin observavit, et definitionibus atque descriptionibus illustravit D. Jo. Frid. Adam.

Tiflis 10. 11. 1802. (Beiträge zur Naturkunde, I, herausgegeben von Dr. und Prof. FRIEDR. WEBER und Dr. D. M. H. MOHR, Kiel 1805; «Öst. Nat.-Bibl. in Wien».) — Saepe iniuste cit. «ADAMS»; sec. PRITZEL, Thes. lit. Bot. ed. 2, 1872: 1 «ADAM, JOHANN FRIEDRICH. 15» (sine nota de natale). Sec. LIPSKY 1899: 7 «ADAM Jo. FRID.» (literis cyrillicis «ADAM MICHAILO») et in IND. COLL. 1954: 27 «ADAMS, MICHAEL FRIEDRICH (1790—1838) Caucasus (1800—1805): B (260).»

AITCHISON, J. E. T., 1880: On the Flora of the Kuram Valley, &c., Afghanistan. Part. I (The J. of the Linnean Soc., Botany XVIII, 1881, London; bibl. «Öst. Ak. d. Wiss., Wien»).

— 1882: On the Fl. of the Kuram Valley, & C., Afghanistan. Part. II (The J. of the Linnean Soc., Botany XIX, 1882, London; bibl. «Öst. Ak. d. Wiss., Wien»).

— 1888: The Botany of the Afghan Delimitation Commission. Part. I (The Trans. of the Linnean Soc. of London. Botany, Second. Ser. III, 1888—1894, London; bibl. WU).

AUCHER-ÉLOY, 1843: Relations de voyages en Orient de 1830 à 1838, revues et annotées par Mr. le Comte JAUBERT, accompagnées d'une carte géographie où sont traces tous les itinéraires suivis par AUCHER-ÉLOY. — Catalogus plantarum Florae Orientalis A. clar. AUCHER-ÉLOY collectarum (Paris; copia e bibl. P).

BASTARD, M., 1812: Supplement à l'Essai sur la Flore du Département de Maine-et-Loire (Angers; copia beneficio v. cl. M. Maury R. CORILLION, Angers 22. 11. 1961).

BIEBERSTEIN = L. B. F. Marschall a BIEBERSTEIN:
1808 = Flora Taurico-Caucasica exhibens stirpes Phanerogamas in Chersoneso Taurica et regionibus Caucasicis, I (Charkouiae).
1819 = Flora Taurico-Caucasica, III = Supplementum (Charkouiae; I et III in bibl. «Graz, Joanneum»).

BLAKELOCK, R. A., 1949: The Rustam Herbarium, 'Iraq. — Part. 1 Kew Bull. 1948, London; bibl. GZU).

— 1957: Notes on the Flora of 'Iraq with keys. — Part. III (Kew Bull. 1957, London; bibl. GZU).

BLATTER & F. = BLATTER, E. and FERNANDEZ, J., 1934: The Flora of Waziristan, II (J. of the Bombay Nat. Hist. Soc. XXXVI, Bombay; copia e bibl. W).

BOISSIER, E., 1842: Diagnoses plantarum orientalium novarum, I, Fasc. 1 (Lipsiae; bibl. «GJO»).

— 1867: Flora Orientalis sive enumeratio plantarum in Oriente a Graecia et Aegypto ad Indiae fines. I (Genevae; bibl. GZU).

BOISSIER-BUSER, 1888: Flora Orientalis, ... auctore E. BOISSIER. — Supplementum ed. R. BUSER (Genevae et Basileae; bibl. GZU).

BORNMÜLLER, J., 1897: Calamagrostis Lalesarensis TORG. et BORNM. (spec. nov.) und einige floristische Notizen über das Lalesargebirge in Süd-Persien. (Öst. Bot. Ztschr. XLVII, Wien; bibl. GZU).

— 1905: Flora der Elbursgebirge Nord-Persiens (Bull. de l'Herb. BOISSIER, 2. sèr. V, Genève; copia photographica e bibl. W).

BORNMÜLLER, J., 1906: Plantae Straussianae sive enumeratio plantarum a TH. STRAUSS annis 1889–1899 in Persia occidentali collectarum (Beih. zum Bot. Cbl. XIX/2. Abt., Leipzig; bibl. GZU).

– 1910/K: Bearbeitung der von J. A. KNAPP im nordwestlichen Persien gesammelten Pflanzen (Verh. der k. k. zool.-bot. Ges. in Wien, LX, Wien; bibl. GZU).

– 1910/S: Collectiones Straussianae novae. Weitere Beiträge zur Kenntnis der Flora West-Persiens (Beih. zum Bot. Cbl. XXVII/2. Abt., Dresden-N; bibl. GZU).

– 1911: Iter Persico-turcicum 1892–1893. Beiträge zur Flora von Persien, Babylonien, Assyrien, Arabien (Beih. zum Bot. Cbl. XXVIII/2. Abt., Dresden-N; bibl. GZU).

– 1914: Reliquiae Straussianae. Weitere Beiträge zur Kenntnis der Flora des westlichen Persiens (Beih. zum Bot. Cbl. XXXII/2. Abt., Dresden-N; bibl. GZU).

– 1915: Plantae Brunsianae. Aufzählung der von F. BRUNS im nördlichen Persien gesammelten Pflanzen (Beih. zum Bot. Cbl. XXXIII/2. Abt., Dresden-N; bibl. GZU).

– 1938: Zur Flora Persiens (Not.-Bl. d. Bot. G. u. Mus. zu Berlin-Dahlem XIV/Nr. 123, Berlin-Dahlem, Band-Datum: 1940; bibl. GZU).

BORNMÜLLER & G. = BORNMÜLLER, J. und GAUBA, E., 1935: Florula Keredjensis fundamenta (Plantae Gaubaeanae iranicae) (FEDDE u. SCHWARZ: Repert. Eur. et Medit. IV, 1935 = FEDDE: Repert. spec. nov. r. veget. XXXIX–1935/36, Berlin-Dahlem 1936; bibl. GZU).

– 1942: Florae Keredjensis fundamenta (Plantae Gaubaeanae Iranicae) Supplementum (FEDDE u. SCHWARZ: Repert. Eur. et Medit. VI, 1942 = FEDDE: Repert. spec. nov. r. veget. LI, Berlin-Dahlem 1942; bibl. GZU).

BRITTON, N. L., 1894: List of Pteridophyta and Spermatophyta growing without cultivation in Northeastern North America, prepared by a Comittee of the Botanical Club. Text on the Caryophyllaceae contributed by N. L. BRITTON (Mem. of the Torrey Bot. V, 1893–1894, New York; copia e bibl. UC-Berkeley, California, USA).

BUHSE, F., 1860: Aufzählung der auf einer Reise durch Transkaukasien und Persien gesammelten Pflanzen in Gemeinschaft mit Dr. E. BOISSIER in Genf bearbeitet. (Nouv. Mém. de la Soc. imp. des Natur. de Moscou, XII, formant le T. XVIII de la Collection. Moscou; bibl. «Öst. Akad. d. Wiss., Wien».)

BUNGE, A. v., 1835: Verzeichnis der im Jahre 1832 im östlichen Theile des Altai-Gebirges gesammelten Pflanzen. Ein Supplement zur «Flora altaica» (Mém. prés. à l'Ac. imp. de St.-Pétersbourg par divers savants et lus dans ses assembles. T. II, p. 523–610. – Citatum sec. Catalogue Général des livres imprimés de la Bibl. Nat., Paris XXI, 1925: 371. – Hoc opusculum etiam a. 1836 separate publicatum est notâ adposita «Aus den Mémoires de l'Académie de St.-Pétersbourg für die Besitzer der FLORA ALTAICA besonders abgedruckt. St.-Petersburg. Gedruckt bei der Kaiserlichen Academie der Wissenschaften. 1836.» (*C. falcatum* BGE. 1836: 37; bibl. WU.)

BURKILL, J. H., 1909: A working list of the flowering plants of Baluchistan (Supt. Govt. Printing, India, Calcutta; bibl. W).

BUSCHMANN, A., 1938: Über einige ausdauernde Cerastium-Arten aus der Verwandtschaft des C. tomentosum LINNE (FEDDE: Repert. spec. nov. r. veget. XLIII, Berlin-Dahlem; bibl. mea).

ČELAKOVSKÝ, L., 1887: Über einige neue orientalische Pflanzenarten (Österreichische Bot. Z. XXXVII, Wien; bibl. GZU).

CHIOVENDA, E., 1900: Contributo alla Flora Mesopotamica (Malpighia XIV, Genova; bibl. W).

CODE, 1961: Internationale Code of botanical Nomenclature adopted by the Ninth International Botanical Congress Montreal, August 1959. Prepared and edited by L. LANJOUW et al. (Utrecht; bibl. GZU).

D. B. K., 1899 = Deutscher Botaniker-Kalender für 1899, herausgegeben von P. SYDOW (Berlin 1899): Verzeichnis der in den botanischen Museen und größeren Herbarien enthaltenen Sammlungen (bibl. GZU).

DESFONTAINES, 1818 = «DESF. Cat. Hort. Par. (1818)» sec. GRENIER 1841: 45 (*C. inflatum* LINK).

DESFONTAINES, R., 1832: Additamenta ad Catalogum horti regii botanici Parisiensis (Parisiis; bibl. GZU).

DON, D., 1825: Prodromus Florae Nepalensis sive enumeratio vegetabilium quae in itinere per Nepaliam proprie dictam et regiones conterminas, ann. 1802—1803 detexit atque legit D. D. FRANCISCUS HAMILTON (olim BUCHANAN) M. D. societ. reg. et Linnaean. Londin. soc. Accedunt plantae a D. WALLICHIO nuperius missae (Londini; bibl. W).

— 1831: A general system of gardening and botany . . . (= A general History of the dichlamydeous plants . . .; London, I; bibl. «Wien, Öst. Nat.-Bibl.»).

DUMORTIER, B.-C., 1822: Commentationes Botanicae. Observations Botaniques, dédiées a la Société d'Horticulture de Turnay (Turnay; bibl. W).

DUTHIE, J. F., 1898: The Botany of the Chitral Relief Expedition, 1895 (Rec. of the Bot. Surv. of India, I, No. 9, 1898, Calcutta; bibl. Z).

EDGEWORTH & HOOKER, 1874: vide «HOOKER, 1874».

FEDTSCHENKO, O. u. B., 1906: Conspectus Florae Turkestanicae (Beih. zum Bot. Cbl. XX/2. Abt., Dresden-N; bibl. GZU).

FENZL, E., 1842/P: Pugillus plantarum novarum Syriae et Tauri occidentalis primus (Vindobonae; bibl. GZU).

— 1842/R = FENZL in LEDEBOUR 1842: Flora Rossica I Stuttgartiae; bibl. GZU).

— 1843: Illustrationes et descriptiones plantarum novarum Syriae et Tauri occidentalis (Stuttgart. — Abgedruckt aus RUSSEGGERS Reisen I, 2. Teil. Herausgegeben von FENZL, HECKEL & REDTENBACHER; bibl. «Joanneum, Graz»).

FISCHER, F., 1812: Catalogue du Jardin des plantes de son excellence monsieur le Comte Alexis de RAZOUMOFFSKY, a Gorenki (Moscou; copia photographica beneficio v. cl. Prof. Dr. TYCHO NORLINDH, Stockholm 17. 11. 1966 e bibl. Academiae Scientiarum Sueciae).

FISCHER & M. & T. = FISCHER, F. E. L., MEYER, C. A., TRAUTVETTER, E. R., 1837: Index quartus seminum, quae hortus botanicus imperialis Petropolitanus pro mutua commutatione offert, accedunt animadversiones botanicae nonnullae. (Citatum sec. LINNAEA XII, 1838: 150, Halle a. d. S.; bibl. «Joanneum, Graz».)

FREYN, J., 1902: Plantae novae orientales, VI (Bull. de l'herb. BOISSIER, 2. ser. Genève; bibl. W).

– 1903: Plantae ex Asia Media. Enumeratio plantarum in Turania a cl. SINTENIS ann. 1900–1901 lectarum, additis quibusdam in regione caspica, transcaspica, turkestania, praesertim in altoplanitie Pamir a cl. Ove PAULSEN ann. 1898–1899 aliisque in Turkestania a cl. V. F. BROTHERUS ann. 1896 lectis. (Bull. de l'herb. BOISSIER, 2. ser., III, Genève; copia e bibl. W.)

FRIES, E., 1817: Novitiae Florae Suecicae, IV (Lundae; copia e bibl. W).

GILIBERT, J. E., 1782: Flora Lithuanica inchoata, seu Enumeratio plantarum quas in Grodnam collegit et determinavit... Collectio quinta [Vilnae; copia (beneficio v. cl. PAWLOWSKI, Krakow 28. 9. 1932) e bibl. KRA].

GILLI, A., 1939: Die Pflanzengesellschaften der Hochregion des Elbursgebirges in Nordiran (Beih. zum Bot. Cbl. LIX/Abt. B, Dresden-N; bibl. GZU).

– 1941: Ein Beitrag zur Flora des Elburs-Gebirges in Nord-Iran (FEDDE u. SCHWARZ: Repert. Eur. et Medit. VI, 1941 = FEDDE: Repert. spec. nov. r. veget. L 1941, Berlin-Dahlem; bibl. GZU).

– 1963: Beiträge zur Flora Afghanistans III (FEDDE: Repert. spec. nov. r. veget. LXVIII 1963, Berlin; bibl. GZU).

GILLIAT-SM. & T. = GILLIAT-SMITH, B. and TURRILL, W. B., 1930: On the flora of the Nearer East: VI. A contribution to our knowledge of the Flora of Azerbaidjan, N. Persia. (Kew Bulletin 1930, London; copia e bibl. W.)

GOMBOCZ, E., 1945: Diaria itinerum Pauli KITAIBELII, I (Budapest; bibl. GZU).

GRAEBNER, P., 1917 = GRAEBNER, P. in ASCHERSON & GRAEBNER, Synopsis der mitteleuropäischen Flora V/1, Lief. 93: pp. 545–624 (Leipzig-Neuruppin; bibl. mea). – Vir cl. ASCHERSON, P. a. 1913 mortuus est. Textum generis «*Cerastium*» GRAEBNER annis 1917 et 1918 publicavit. V. cl. CORRENS scripsit (Berlin-Dahlem, 18. 2. 1932 ad Hofrat Professor Dr. KARL FRITSCH, Direktor des Bot. Gartens u. Inst. der Universität Graz): «Wenn GRAEBNER in der ASCHERSON- und GRAEBNERschen «Synopsis» mich als Verfasser der Gattung anführt, so ist das gegen meinen Willen geschehen und ohne Grund, denn im wesentlichen hat GRAEBNER den Text verfaßt, und ich habe nur eine Anzahl von Bemerkungen und Korrekturen hinzugefügt.»

GRENIER, C., 1841: Monographia de Cerastio (Vesontione; bibl. mea).

GROSSHEIM, A. A., 1927/P: Iter Persicum Primum (Beih. zum Bot. Cbl. XLIV/2. Abt., Dresden-N 1928; bibl. GZU). – Sec. RIKLI, M., Das Pflanzenkl. d. Mittelmeerl. III, Bern, 1948: 1285, a. 1927 publicatum.

GROSSHEIM, A. A., 1927/T: Vegetation und Flora des Talysch-Gebietes (Beih. zum Bot. Cbl. XLIII/2. Abt., Dresden-N; bibl. GZU).

GROSSHEIM, A., 1950: Plantarum species novae et criticae e Caucaso (Notulae Syst. Herb. Inst. Bot. nomine V. L. KOMAROVII Acad. scient. URSS, XIII, Mosqua & Leningrad; copia e bibl. G).

GUEPIN, P.-J.-B., 1830: Flore du Maine-et-Loire (Angers; copia e bibl. P beneficio v. cl. M. G. AYMONIN, Paris 16. 6. 1962).

GUSSONE, J., 1842: Florae Siculae Synopsis, I (Neapoli; bibl. W).

HANDEL-MAZZETTI, H., 1914: Die Vegetationsverhältnisse von Mesopotamien und Kurdistan (Ann. d. K. K. Naturhistorischen Hofmuseums, XXVIII, Wien; bibl. «Zool. Inst. d. Univ. Graz»).

HEDGE 1967 = HEDGE I. C., COODE M. J. E., CULLEN J. and HUBER–MORATH A., 1967: Materials for a Flora of Turkey (Notes from the Royal Bot. Garden Edinburgh, XXVII/No. 2, Edinburgh; bibl. GZU).

HERMANN, F., 1913: Ein botanischer Ausflug nach Majorka (Verh. des Bot. Ver. der Prov. Brandenburg LIV, Berlin-Dahlem-Steglitz; bibl. GZU).

HOHENACKER, R. FR., 1838: Enumeratio plantarum quas in provincia Talysch collegit R. Fr. HOHENACKER (Bull. Soc. Imp. des Natur. de Moscou XI; Moscou; bibl. «Graz, Zootomisches Inst. d. Univ.»).

HOOKER, J. D., 1874: The Flora of British India, I (Part. II = pp. 209–464 a. 1874 publicatum, London; bibl. GZU). — Caryophyllaceae auctoribus EDGEWORTH W. P. & HOOKER J. D. tractatae sunt.

HULTÈN, E., 1928: Flora of Kamtchatka and the adjacent islands (Kungliga Svenska Vetenskapsakademiens Handl., 3. ser., V/2, Uppsala; «Graz, Univ.-Bibl.»).

HYLANDER, N., 1945: Nomenklatorische und systematische Studien über nordische Gefäßpflanzen (Uppsala Univ.-Arsskr., Uppsala - Leipzig; bibl. mea).

IND. COLL. = LANJOUW & STAFLEU, Index Herbariorum, Collectors (Regnum Vegetabile II, Utrecht): 1954 = Part II (A–D), 1957 = Part II/2 (E–H). (bibl. GZU.)

IND. HERB. 1964 = Index Herbariorum, Part I, The Herbaria of the world compiled by J. LANJOUW and F. A. STAFLEU, 5. ed. (Regnum Vegetabile XXXI, Utrecht; bibl. mea).

IND. KEW. = Index Kewensis an enumeration of the genera and species of flowering plants. Compiled under the direction of JOSEPH D. HOOKER by DAYDON JACKSON (Oxford): 1893 = Pars I; 1894 = Pars II: pp. 1–640; 1895 = Pars II: pp. 641–1299; 1929 = Supplement VII («Graz, Univ.-Bibl.»).

JALAS, J., 1964 = Flora Europaea I, Cerastia perennia auctore J. JALAS, edited by T. G. TUTIN etc. (Cambridge; bibl. GZU).

JANCHEN, E., 1956: Catalogus Florae Austriae, I. Teil, Heft 1 (Wien; bibl. mea).

KOCH, G. D. J., 1835: Synopsis Florae Germanicae et Helvetiae I (paginae 1–352 anno 1835 publicatae sunt; Francofurti ad Moenum; bibl. GZU).

KOMAROV, V., 1929: Flora peninsula Kamtschatka, II (Leningrad: bibl. W).

KOMAROV, V. L., 1952: Flora Aserbajdschana, III (Baku; cyr., bibl. GZU).

LACE & H. = LACE, J. H. and HEMSLEY, W. B., 1891: A sketch of the vegetation of British Baluchistan, with descriptions of new species (J. Linnean Soc. XXVIII, London; bibl. «Joanneum, Graz»).

LEDEBOUR, D. C. F. a, 1830: Flora Altaica scripsit D. Carolus Fridericus a LEDEBOUR, ... Adiutoribus D. CAR. ANT. MEYER et D. AL. a BUNGE, II (Berolini; «Univ.-Bibl. Graz»).

LEDEBOUR, D. C. F. a, 1831: «*C. collinum*. DEC.» in «Delectus seminum, quae, a. 1831 in horto botanico Universitatis Caesareae Dorpatensis collecta, pro mutua commutatione offeruntur» publicatum a v. cl. LEDEBOUR (cf. PRITZEL, Thes. lit. Bot., 2. ed., Lipsiae, 1872: 448) (Copia e bibl. C beneficio v. cl. Curator Dr. A. SKOVSTEDT, Copenhagen, 19. 4. 1967).

LEDEBOUR, D. C. F. a, 1832: «*C. collinum*. DEC.» et «*C. macrocarpum*. BERNH.» in «Delectus seminum, quae, a. 1832 in horto botanico Universitatis Caesareae Dorpatensis collecta, pro mutua commutatione offeruntur» publicatum a v. cl. LEDEBOUR (vide «LEDEBOUR 1831»).

LINK, H. FR., 1821: Enumeratio plantarum Horti regii botanici Berolinensis altera, I (Berolini; photocopia pag. 433 in bibl. mea).

LINNAEUS, C., 1737: Hortus Cliffortianus (Amstelaedami; photocopia pp. 173—174 e WU).

– 1753: Species plantarum I (Holmiae; impressum nov. in bibl. GZU).

– 1762: Species plantarum I, ed. 2 (Holmiae, bibl. GZU).

LIPSKY, W. N., 1899: Flora Kawkasa (S.-Peterburg. – Trudi Tifliskago botanitscheskago ssada IV; bibl. W).

LITWINOW, D. I., 1907: Plantae Turcomaniae (Transkaspicae) (Travaux du Mus. Bot. de l'Acad. Imp. des Sci. de St.-Pétersbourg, III, St.-Pétersbourg; «Graz, Univ.-Bibl.»).

LONSING, A., 1939: Über einjährige europäische *Cerastium*-Arten aus der Verwandtschaft der Gruppen «*Ciliatopetala*» FENZL und «*Cryptodon*» PAX (FEDDE: Repert. spec. nov. r. veget. XLVI, Berlin; bibl. mea).

MATTFELD, J., 1933: Stellaria Blatteri MATTF., eine neue Art aus Waziristan (FEDDE: Repert. spec. nov. r. veget., Fasc. XXXI, Berlin-Dahlem; bibl. GZU).

MEYER, C. A., 1831: Verzeichniss der Pflanzen, welche während der auf allerhöchsten Befehl, in den Jahren 1829 und 1830 unternommenen Reise im Caucasus und in den Provinzen am westlichen Ufer des Caspischen Meeres gefunden und eingesammelt worden sind (St.-Petersburg; «Wien, Öst. Nat.-Bibl.»).

MIZUSHIMA, M., 1960: Caryophyllaceae auctore M. MIZUSHIMA in: KITAMURA, S., Flora of Afghanistan (Results of the Kyoto University scientific Expedition to the Karakorum and Hindukush, 1955, II, Kyoto; bibl. mea).

– 1964: Caryophyllaceae auctore M. MIZUSHIMA in: KITAMURA, S., Plants of West Pakistan and Afghanistan (Results of the Kyoto University Scientific Expedition to the Karakoram and Hindukush, 1955, III, Kyoto; bibl. GZU).

MIZUSHIMA, M., 1966: Caryophyllaceae by M. MIZUSHIMA in: KITAMURA, S., Additions and Corrections to Flora of Afghanistan (Results of the Kyoto University Scientific Expedition to the Karakorum and Hindukush, 1955, VIII, Kyoto; Additional Reports edited by S. KITAMURA and R. YOSII; bibl. GZU).

MOENCH, C., 1794: Methodus plantas horti botanici et agri Marburgensis, ... (Marburgi Cattorum; bibl. «Graz, Joanneum»).

MÖSCHL, W., 1933: Zwei neue *Cerastium*-Arten der Balkanhalbinsel (Öst. Bot. Z. LXXXII, Wien; bibl. mea).

— 1934: Berichtigungen (ad MÖSCHL 1933) (Öst. Bot. Z. LXXXIII, Wien; bibl. mea).

— 1936: Über einjährige europäische Arten der Gattung *Cerastium* (Orthodon-Fugacia-Leiopetala) (FEDDE, Repert. spec. nov. r. veget. XLI, Berlin; bibl. mea).

— 1938: Morphologie einjähriger europäischer Arten der Gattung *Cerastium* (Orthodon-Fugacia-Leiopetala) (Öst. Bot. Z. LXXXVII, Wien; bibl. mea).

— 1943: Die Sippe des *Cerastium ramosissimum* BOISSIER (Wiener Bot. Z. = Öst. Bot. C. XCII, Wien; bibl. mea).

— 1948: *Cerastium holosteoides* FRIES, ampl. HYL., subspecies *pseudoholosteoides* MÖSCHL (Botaniska Notiser, Lund; bibl. mea).

— 1949: *Cerastium semidecandrum* LINNE, sensu latiore (Mem. da Soc. Broteriana V, Coimbra; bibl. mea).

— 1951 A: Die *Cerastium*-Arten Afrikas südlich der Sahara (Mem. da Soc. Broteriana VII, Coimbra; bibl. mea).

— 1951 L: *Cerastia* Lusitaniae archipelagorumque «Açores» et «Madeira» (De Flora Lusitana Comment. T. I/Vol. XIII/Fasc. VI, Sacavem; bibl. mea).

— 1953: *Cerastium junceum* MÖSCHL, spec. n. (Mem. da Soc. Broteriana IX, Coimbra; bibl. mea).

— 1955: De *Cerastiis* Hispaniae herbariique v. cl. MERINO (Broteria, Sér. de Cienc. Nat. XXIV/LI, fasc. IV, Lisboa; bibl. mea).

— 1957: *Cerastium cacananense* MÖSCHL, spec. n. (Bol. da Soc. Broteriana XXXI/2. ser., Coimbra; bibl. mea).

— 1961: *Cerastium vourinense* MÖSCHL & RECHINGER, spec. n. (Bol. da Soc. Broteriana, XXXV/2. ser., Coimbra; bibl. mea).

— 1962: *Cerastium epiroticum* MÖSCHL & RECHINGER, spec. n. (Bol. da Soc. Broteriana, XXXVI/2. ser., Coimbra; bibl. mea).

— 1962: *Cerastium runemarkii* MÖSCHL & RECHINGER, nom. n. (Anz. d. math.-nat. Kl. der Öst. Akad. d. Wiss., Nr. 14, Wien; bibl. mea).

— 1964: De *Cerastiis* Africae septentrionalis (Mem. da Soc. Broteriana XVII, Coimbra; bibl. mea).

MURBECK, Sv., 1897: Contributions à la connaissance des Renonculées-Cucurbitacées de la Flore du Nord-Ouest de l'Afrique et plus spécialement de la Tunisie. (Acta Univ. Lundensis, XXXIII — Andra Afd., Lund; bibl. «Graz, Joanneum».)

MURBECK, Sv., 1898: Studier öfver kritiska kärlväxtformer, III. De nordeuropeiske formerna af slägtet *Cerastium* (Botan. Notiser, Stockholm et Uppsala; bibl. mea).

NÁBĚLEK, FR., 1923: Iter Turcico-Persicum, Pars I (Publ. de la Fac. des Sci. de l'Univ. MASARYK, Cis 35, Brno; copia e bibl. W).

NORMANN, J. M., 1893: Florae Arcticae Norvegiae... (Forh. i Vidensk.-Selsk. i Christiania, Aar 1893, Christiania 1894; «Wien, Österr. Nat.-Bibl.»).

PAMPANINI, R., 1926: Contributo alla conoscenza della flora del Caracorum (Asia centrale) (Bull. d. Soc. Bot. Italiana 1926, Firenze; «Graz, Univ.-Bibl.»).

PARSA, A., 1951: Flore de l'Iran (La Perse), I (Teheran; bibl. GZU).

PAU & V. = PAU, C. y VICIOSO, C., 1918: Plantas de Persia y de Mesopotamia recogidas por D. Fernando MARTINEZ de la ESCALERA. (Trab. del Mus. Nac. de Cienc. Natur., Ser. Bot. nr. 14, Madrid; copia e bibl. W.)

PERSOON, C. H., 1805: Synopsis plantarum I (Parisiis Lutetiorum et Tubingae; bibl. GZU).

PODHORSKY, J., 1939: Höchststeigende Blütenpflanzen (Jb. des Ver. z. Schutze der Alpenpflanzen u. -tiere XI, München; bibl. GZU).

POIRET, 1811 = POIRET, J. L. M., Supplement II (Paris): LAMARCK, Encyclopedie methodique, Botanique, X; bibl. W).

POSPICHAL, E., 1897: Flora des Oesterreichischen Küstenlandes, I (Leipzig und Wien; bibl. GZU).

RECHINGER, K. H., 1941: Ergebnisse einer botanischen Reise nach dem Iran, 1937. II. Teil (Ann. des Naturhist. Mus. in Wien, LI—1940, Wien 1941; «Univ.-Bibl. Graz»).

– 1952: Pflanzen von Kurdistan und Armenien gesammelt von Prof. JOHN FRÖDIN (Symbolae Bot. Upsalienses XI: 5, Uppsala; bibl. mea).

– 1964: Flora of Lowland Iraq (Weinheim; bibl. v. cl. Prof. Dr. F. WIDDER, Graz).

REGEL, E., 1862: Aufzaehlung der von RADDE in Baikalien, Dahurien und am Amur, sowie der vom Herrn von STUBENDORFF auf seiner Reise durch Sibirien nach Kamtschatka, von SENSINOFF, SOSSNIN, SCHARIPOFF und anderen in Dahurien und Ostsibirien, und der von RIEDER, KUSSMISCHEFF und anderen in Kamtschatka und dem russischen Nordamerika gesammelten Pflanzen, 1. Abt., 3. Forts. – In: Reisen in den Süden von Ostsibirien (Bull. de la Soc. imp. des Natur. de Moscou, XXXV/1, Moscou; bibl. W).

– 1877: Descriptiones plantarum novarum et minus cognitarum. Fasc. V. – Plantae regiones Turkestanicas incolentes, secundum specimina sicca a REGELIO et SCHMALHAUSENIO determinatae. (Acta H. Petropolitani, V/Fasc. 1; bibl. «Joanneum, Graz».)

ROYLE, J. F., 1834: Illustrations of the Botany and other branches of the Natural History of the Himalayan Mountains, and of the Flora of Cashmere, II (London 1839: pp. 73—104 anno 1834 publicatae sunt; bibl. W).

Ruprecht, F. J., 1869: Flora Caucasi, I (Mém. de l'Acad. imp. des Sci. de St.-Pétersbourg, VII. ser., T. XV, no. 2, St.-Petersbourg; bibl. Gzu).

Schischkin, B. K., 1936/A: Some new species of the Fam. Caryophyllaceae (Acta Inst. Bot. Acad. Sci. URSS, ser. I, fasc. 3, Mosqua - Leningrad; «Univ.-Bibl. Graz»).

Schischkin, 1936/F = Schischkin, B. K. (Caryophyllaceae) in Komarov, V. L. & Schischkin, B. K., Flora Urss (Flora Unionis rerum publicarum Sovieticarum Socialisticarum) VI (Editio Academiae Scientiarum Urss, Mosqua - Leningrad; «Univ.-Bibl., Graz»).

Schrank, F. P., 1795: Naturhistorische und ökonomische Briefe über das Donaumoor (Mannheim; sec. Heinsius, Allgem. Bücher-Lex ... III (Leipzig), 1812: 626 opus cit. anno 1795 at sec. Kayser, Vollständiges Bücher-Lex ... V (Leipzig), 1835: 149 opus cit. anno 1796 publicatum est. Copia pp. 72—74 beneficio v. cl. Prof. Dr. H. Merxmüller, München 31. 7. 1961, et J. Poelt e «Staatsbibl. München»).

Schur, F., 1851: Beiträge zur Kenntnis der Flora von Siebenbürgen. Erster Artikel. Botanische Exkursion auf den Fogarascher Gebirgen (Verh. u. Mitt. d. siebenbürgischen Ver. für Naturw. zu Hermannstadt, II; bibl. Gzu).

— 1859: Auszug aus dem von Dr. Ferdinand Schur erstatteten Berichte über eine von Demselben über Auftrag Sr. Durchlaucht Carl Fürsten zu Schwarzenberg, ... vom 5. Juli bis 15. August unternommene botanische Rundreise durch Siebenbürgen (Verh. u. Mitt. d. siebenbürgischen Ver. für Naturw. zu Hermannstadt, X; bibl. Gzu). — Tractatus hic etiam anno 1859 numeris paginis mutatis separate publicatum est; bibl. «Joanneum, Graz».

Seringe = Seringe, N. C. (Caryophyllaceae) in de Candolle, 1824: Prodromus Systematis naturalis regni vegetabilis ... I (Paris; bibl. Gzu).

Shinners, Ll. H., 1962: New names in *Arenaria* (Caryophyllaceae). (Sida: Contributions to Botany, I/1, Dallas, Texas; copia e bibl. W.)

Sprengel, C., 1815: Plantarum minus cognitarum pugillus primus et secundus. II (Halae; copia pp. 65—66 beneficio Prof. Dr. F. Widder e bibl. W).

— 1819: Novi proventus Hortorum academicorum Halensis et Berolinensis. Centuria specierum minus cognitarum quae vel per annum 1818 in Horto Halensi et Berolinensi floruerunt, vel siccae missae fuerunt. (Halae; bibl. «Joanneum, Graz».)

— 1825: Caroli Linnaei Systema vegetabilium, 16. ed., II (Gottingae; bibl. Gzu).

Stapf, O., 1886: Die botanischen Ergebnisse der Polak'schen Expedition nach Persien im Jahre 1882. Plantae collectae a Dre. J. E. Polak et Th. Pichler (Denkschr. der kais. Akad. der Wiss. Math.-naturw. Kl., LI, Wien; bibl. Gzu).

Sweet, R., 1830: Sweet's Hortus Britannicus, Second ed. (London; bibl. Wu).

TAUSCH, J. F., 1832: «*C. collinum* H. Dorp.» descriptio a v. cl. TAUSCH in «Delectus seminum a. 1832 in horto botanico Bonnensi collectorum» publicatum a v. cl. Nees von ESENBECK (cf. PRITZEL, Thes. lit. Bot., 2. ed., Lipsiae 1872: 447) (copia e bibl. G beneficio v. cl. Prov. J. MIÈGE, Genève, 18. 4. 1967, et e bibl. C beneficio v. cl. Curator Dr. A. SKOVSTEDT, Copenhagen, 19. 4. 1967).

TAUSCH, J. F., 1833: Diagnosem Cerastii collini H. Dorp. e opusculo «Delectus seminum a. 1832 in horto botanico Bonnensi collectorum» TAUSCH in FLORA, 1833 (Nr. 8, Regensburg, am 28. Februar 1833, 16. Jhg., I, p. 122) refert.-Bibl. «Graz, Joanneum».

TENORE, M., 1811–1815: Flora Napolitana, I/1, 1811: I–LXXII [sec. SACCARDO, Chronol. d. Fl. Italiana (Padova) 1909: XXXIV] (Napoli; photocopia in bibl. GZU).

THUILLIER, J. L., 1799: La Flore des environs de Paris, ed. 2 (Paris; bibl. GZU).

TRAUTVETTER, E. R. a, 1876: Plantarum messes anno 1874 in Armenia a Dre. G. RADDE et in Daghestania ab A. BECKER factas commentatus est E. R. a TRAUTVETTER (Acta H. Petropolitani, T. IV, Fasc. I, S.-Petersburg; bibl. «Joanneum, Graz»).

– 1881: Elenchus stirpium anno 1880 in Isthmo Caucasico lectarum. (Acta Horti Petropolitani, VII/II, S.-Petersburg; bibl. «Graz, Joanneum».)

TROLL, C., 1939: Das Pflanzenkleid des Nanga Parbat (Deutsches Museum f. Länderkunde: Wiss. Veröff., Neue Folge, Heft 7, Leipzig; «Graz, Univ.-Bibl.»).

VILLARS, M., 1779 = «C. trigynum VILL. Prosp. 48 (1779)» sec. GRAEBNER, 1917: 573.

VVEDENSKY, A. J., 1953: Flora Uzbekistanica II (Taschkent; bibl. W).

WAHLENBERG, G., 1814: Flora Carpatorum Principalium . . . (Göttingae; bibl. «Joanneum, Graz»).

WALDSTEIN & K. = WALDSTEIN et KITAIBEL, Descriptiones et icones plantarum rariorum Hungariae (Viennae; bibl. «Joanneum, Graz»): 1802 = Vol. I, 1805 = Vol. II.

WALLICH, N., 1828: A numerical list of dried specimens of plants in the East India Company's Museum collected under the superintendence of Dr. WALLICH, of the Company's botanic garden at Calcutta (London; bibl. GZU).

WENDELBO, P., 1952: Plants from Tirich Mir. A contribution to the Flora of Hindukush (Scientific results of the Norwegian Expedition to Tirich Mir 1950. — In: Nytt Magasin for Botanik, I, Oslo; bibl. «Graz, Inst. f. Pfl.-Anatomie u. -Phys.»).

WILLDENOW, C. L., 1799: Caroli a LINNE species plantarum . . . 4. ed., II/1 (Berolini; bibl. GZU).

WILLIAMS, F. N., 1898: A revision of the genus *Arenaria*, LINN. (J. of Bot. XXXIII, London; bibl. «Graz, Joanneum»).

– Critical Notes on some species of *Cerastium* (J. of Bot.; copia e bibl. W): 1899 = Vol. XXXVII, 1921 = Vol. LIX.

ZAPALOWICZ, H., 1911: Conspectus Florae Galiciae criticus, III (Cracoviae; «Univ.-Bibl., Graz»)

# Tafelerklärungen

Tafel I, Fig. 1—65 et 104—106. Pili glandulosi vel cellulae glandulosae (150× amplif.): 1 = *C. cerastoides*, 2 = *C. davuricum*, 3—7 = *C. dichotomum*, 8 = *C. dubium*, 9 = *C. fragillimum*, 10—12 = *C. inflatum*, 13—15 = *C. longifolium*, 16 = *C. microspermum*, 17—18 = *C. multiflorum*, 19—23 = *C. purpurascens* var. *elbrusense*, 24 = *C. Thomsoni*. — Pili eglandulosi (150× amplif.): 25—26 = *C. cerastoides*, 27—29 (29 = pilus exsiccatus cellulis a lateribus alterne compressis) = *C. davuricum*, 30—31 = *C. dichotomum*, 32 (a—d = diversi status pili procedentis) = *C. dubium*, 33—34 = *C. fragillimum*, 35—36 = *C. inflatum*, 37—38 = *C. longifolium*, 39 = *C. microspermum*, 40 = *C. multiflorum*, 41 = *C. perfoliatum*, 42—44 = *C. purpurascens* var. *elbrusense*, 45 = *C. Thomsoni*. — Semina (23× amplif.) *C. cerastoidis*: 46 (verrucis normalibus), 47 (cum margine e verrucis unitis). — Verrucae seminum in sectione a latere visae (300× amplif.): 48—50 = *C. cerastoides*, 51—54 = *C. davuricum*, 55 = *C. dichotomum*, 56 = *C. fragillimum*, 57—58 = *C. inflatum*, 59 = *C. longifolium*, 60 = *C. microspermum*, 61 = *C. multiflorum*, 62—63 = *C. perfoliatum*, 64—65 = *C. purpurascens* var. *elbrusense*. — Pili eglandulosi (150× amplif.) *C. falcati*: 104 (a margine folii), 105 (a pedicello), 106 (a margine sepali).

Tafel II, Fig. 66—103. — Petala (10× amplif.) *C. pentandri* = 66—69. — Filamenta (10× amplif.) *C. longifolii* = 70. — Styli (33× amplif.): 71 = *C. cerastoides*, 72 = *C. davuricum*, 73 = *C. dichotomum*, 74 = *C. dubium*, 75 = *C. fragillimum*, 76 = *C. inflatum*, 77 = *C. longifolium*, 78 = *C. microspermum*, 79 = *C. multiflorum*, 80 = *C. perfoliatum*, 81 = *C. purpurascens* var. *elbrusense*, 82 = *C. Thomsoni*. — Parietes capsularum maturarum sectione transversa sub dentibus capsularum facta (300× amplif.): 83 = *C. cerastoides*, 84 = *C. davuricum*, 85 = *C. dichotomum*, 86 = *C. dubium*, 87 = *C. fragillimum*, 88 = *C. inflatum*, 89 = *C. longifolium*, 90 = *C. microspermum*, 91 = *C. multiflorum*, 92 = *C. perfoliatum*, 93 = *C. purpurascens* var. *elbrusense*. — Placentae maturae (10× amplif.): 94 = *C. cerastoides*, 95 = *C. davuricum*, 96 = *C. dichotomum*, 97 = *C. fragillimum*, 98 = *C. inflatum*, 99 = *C. longifolium*, 100 = *C. microspermum*, 101 = *C. multiflorum*, 102 = *C. perfoliatum*, 103 = *C. purpurascens* var. *elbrusense*. — 104—106 = pili *C. falcati* (vide Tab. I).

Tafel III = distributio specierum: Cerastium cerastoides: f. *cerastoides* et f. *glabrum* . — *C. dubium* . — *C. persicum* . — *C. purpurascens* var. *elbrusense* . — *C. Schischkinii* . — = specimina ab auctoribus diversis citata.

Tafel IV = distributio specierum: Cerastium dichotomum . — *C. inflatum* . — *C. longifolium* . — *C. microspermum* . — *C. multiflorum* . — *C. perfoliatum* . — = specimina ab auctoribus diversis citata.

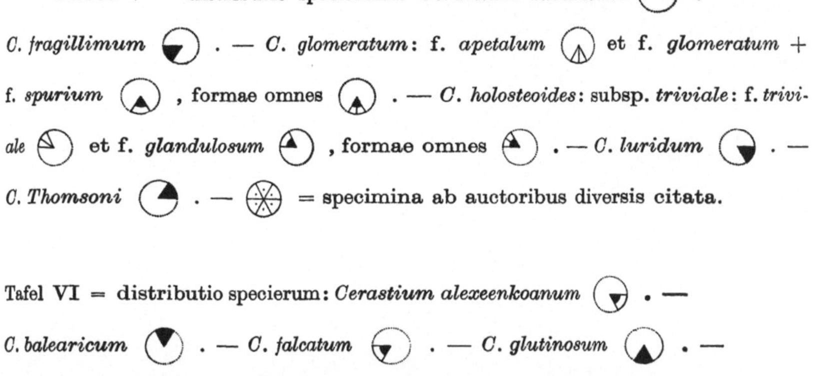

**Tafel V** = distributio specierum: *Cerastium davuricum* . — *C. fragillimum* . — *C. glomeratum*: f. *apetalum* et f. *glomeratum* + f. *spurium* , formae omnes . — *C. holosteoides*: subsp. *triviale*: f. *triviale* et f. *glandulosum* , formae omnes . — *C. luridum* . — *C. Thomsoni* . — = specimina ab auctoribus diversis citata.

Tafel VI = distributio specierum: *Cerastium alexeenkoanum* . — *C. balearicum* . — *C. falcatum* . — *C. glutinosum* . — *C. pentandrum* . — *C. semidecandrum* . — = specimina ab auctoribus diversis citata.

6
55
7
3
62
42
43
19
20
21
23
22
105
63
44
47
46
53
5
51
32b
c
a
d
8
4
27
54
52
106
25
26
1
48
104
49
50
56
64
65
57
61
58
60
59
18
39
37
40
15
31
17
9
28
16
36
38
2
10
13
29
33
34
35
11
12
14
41
45
24
30

Zu: W. MÖSCHL, De Cerastiis Iranicae. Tafel 2

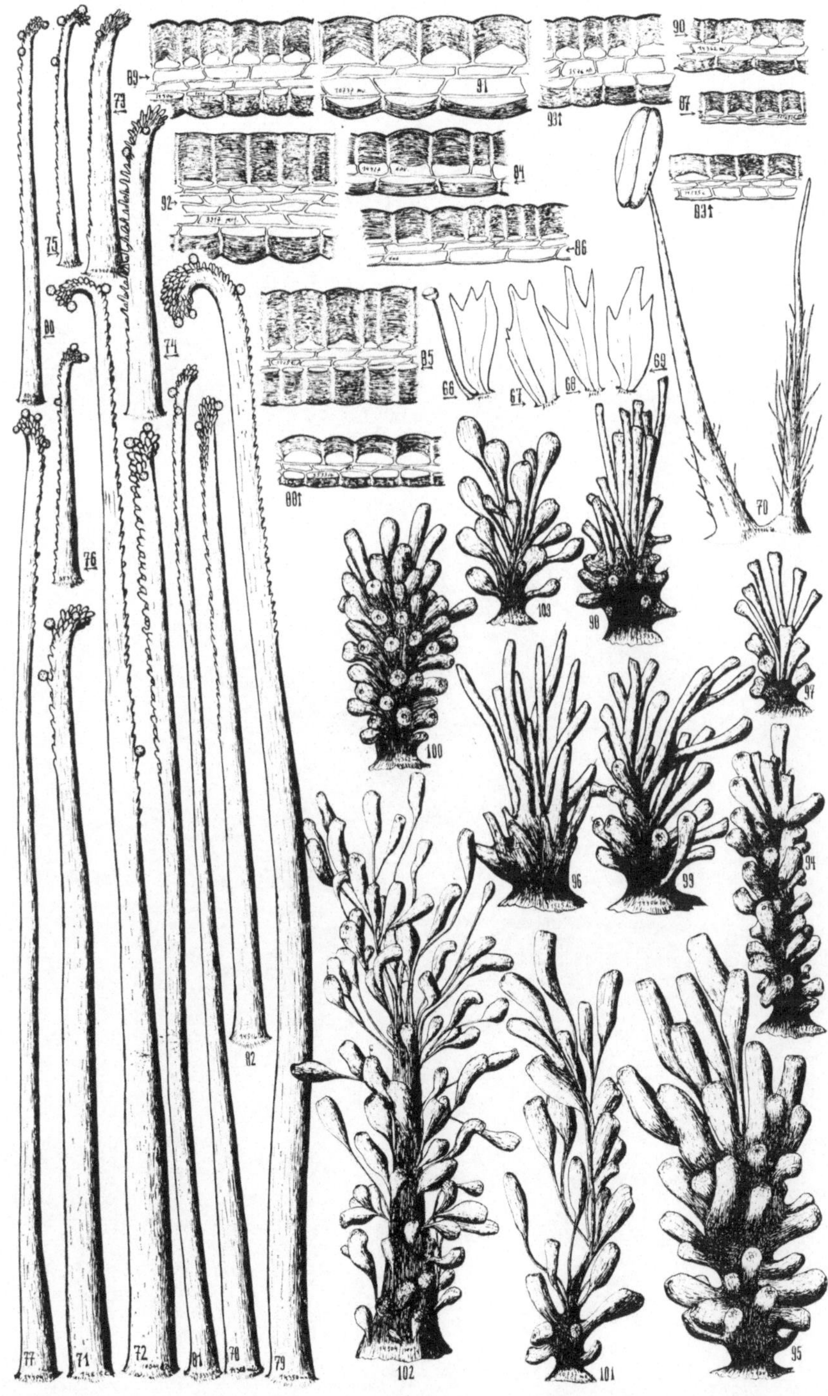

Zu: W. Möschl, De Cerastiis Florae Iranicae. Tafel 3

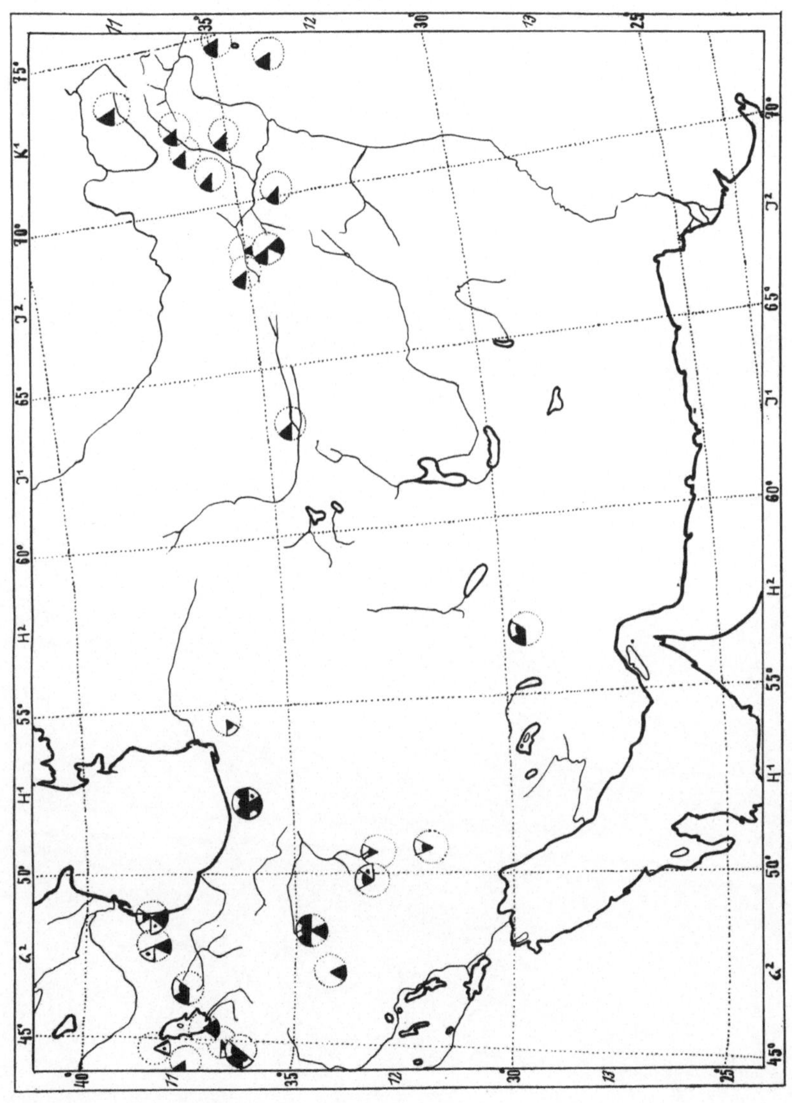

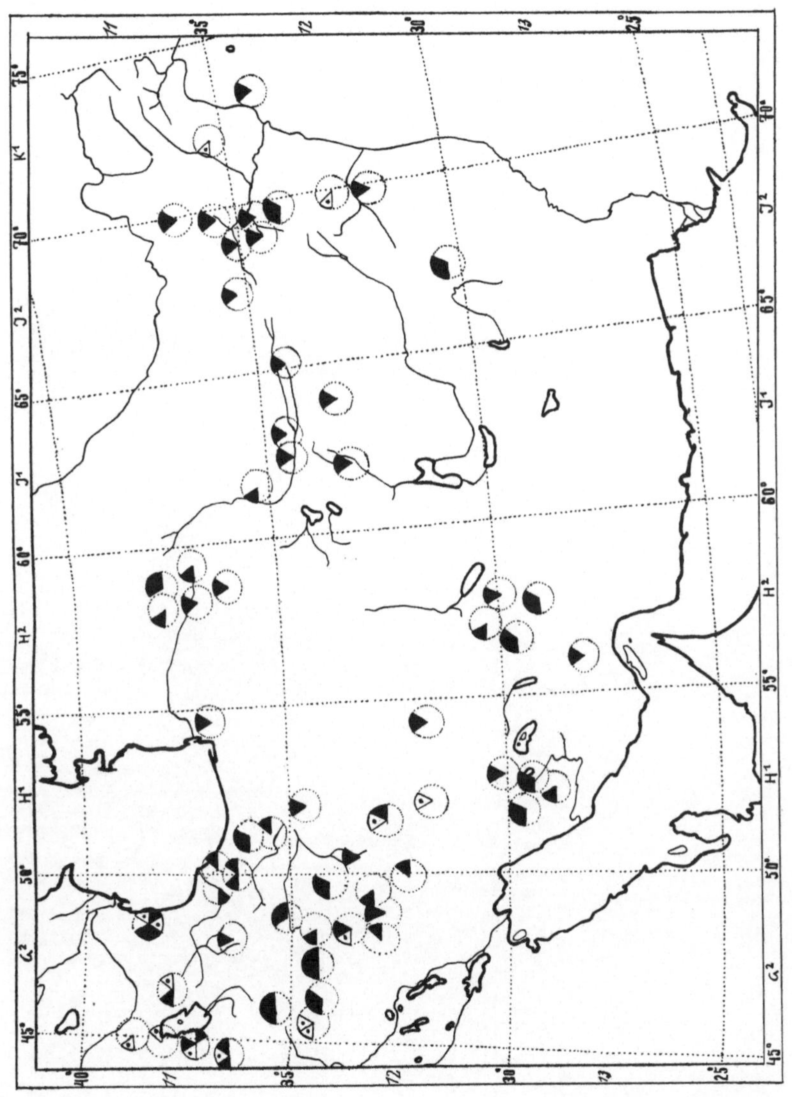

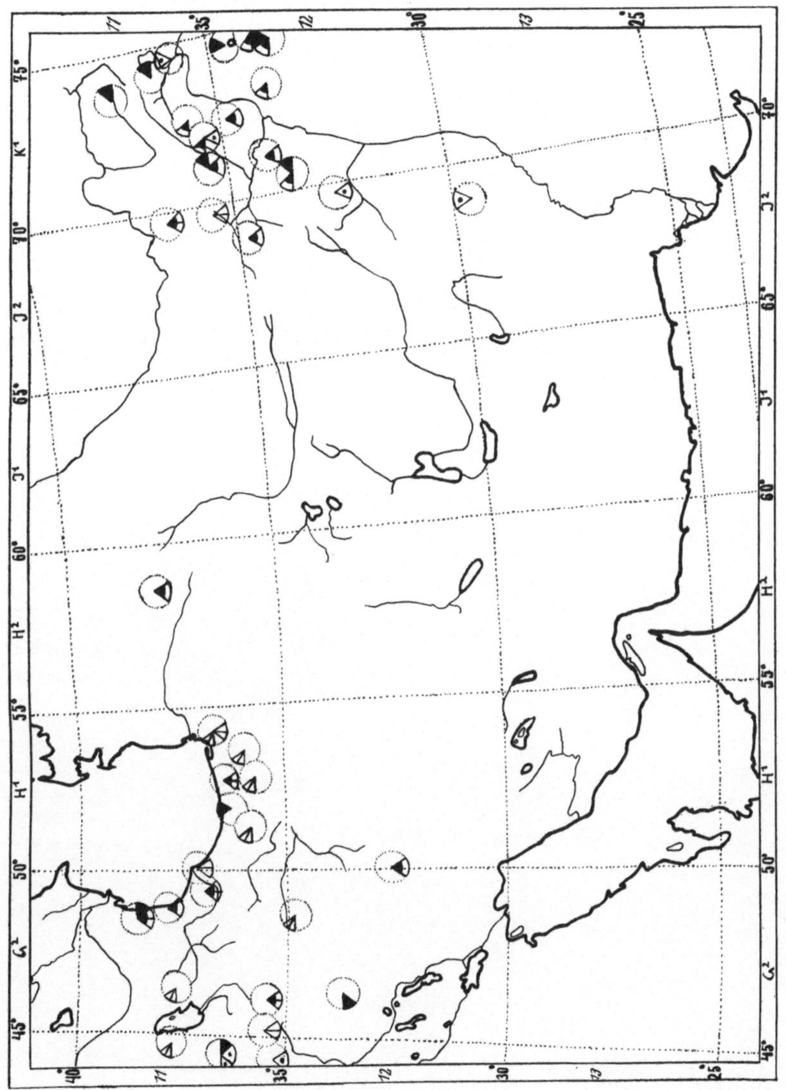

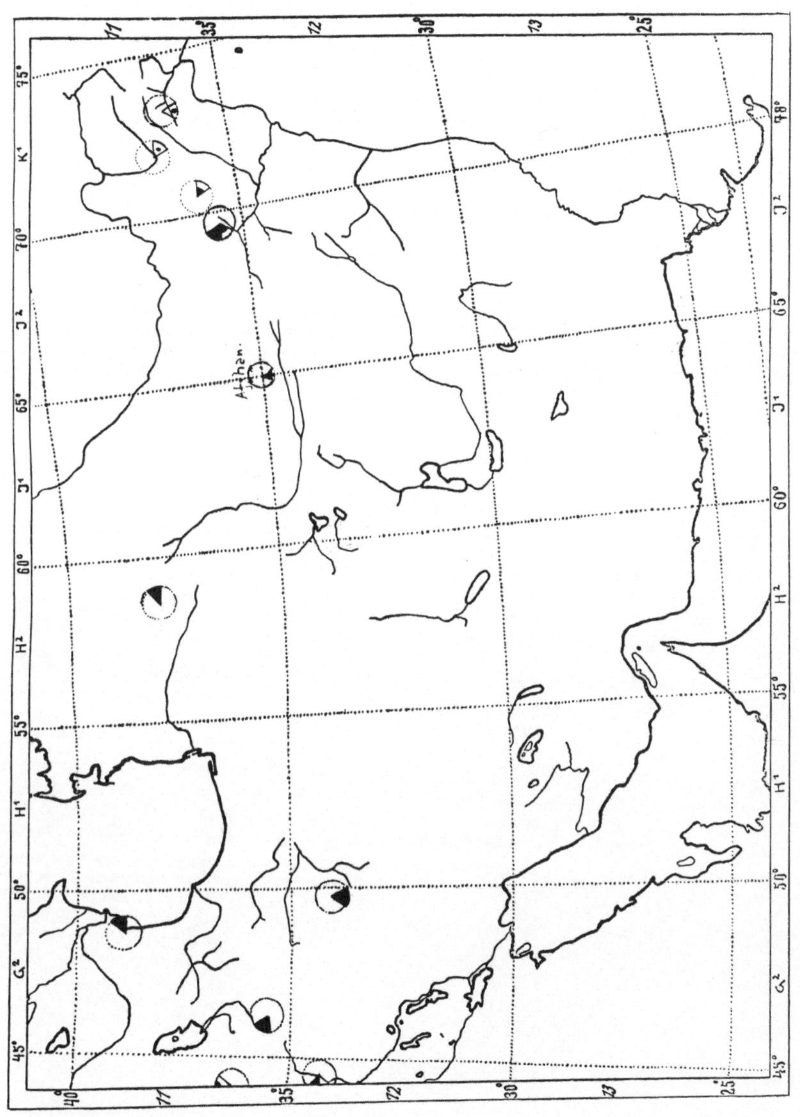

Die in den Sitzungsberichten Abtlg. I und Abtlg. II der math.-nat. Klasse der Österr. Ak. d. Wiss. erscheinenden Abhandlungen werden auch einzeln abgegeben. Sie können durch jede Buchhandlung oder direkt durch die Auslieferungsstelle der Österreichischen Akademie der Wissenschaften (Wien I, Singerstraße 12) bezogen werden.

Nachfolgende Abhandlungen aus dem Fach der **Zoologie** sind erschienen:

**1959 (S I Bd. 168):**

Löffler Heinz: Zur Limnologie. Entomostraken- und Rotatorienfauna des Seewinkelgebietes (Burgenland, Österreich) (mit 5 Textabbildungen und 4 Tafeln). S 60.20

Remaudière Georges: Zoologisch-systematische Ergebnisse der Studienreise von H. Janetschek und W. Steiner in die spanische Sierra Nevada 1954. XI. Homoptera, Aphidoidea (mit 12 Textabbildungen). S 9.70

Schubart Otto: Zoologisch-systematische Ergebnisse der Studienreise von H. Janetschek und W. Steiner in die spanische Sierra-Nevada 1954. XII. Diplopoda (mit 9 Textabbildungen). S 16.50

Schuster Reinhart: Ökologisch-faunistische Untersuchungen an den bodenbewohnenden Kleinarthropoden (speziell Oribatiden) des Salzlachengebietes im Seewinkel (mit 6 Textabbildungen). S 45.40

Steiner Walter: Zoologisch-systematische Ergebnisse der Studienreise von H. Janetschek und W. Steiner in die spanische Sierra Nevada 1954. X. Springschwänze (Collembola) (mit 5 Textabbildungen). S 12.90

Wettstein-Westersheimb Otto: Die alpinen Erdmäuse. S 10.—

**1960 (S I Bd. 169):**

Abel W.: Biophysikalische Gesetzmäßigkeiten am Vogelei (Das Aktivstufengesetz und Energiegesetz) (mit 20 Abbildungen, davon 2 Abbildungen auf 1 Tafel). S 60.—

Nemenz H.: Experimente zur Ionenregulation der Larve von Ephydra cinerea Jones (Dipt.) (mit 7 Textabbildungen). S 20.30

Viets O. Kurt: Kleine Sammlungen von Wassermilben (Hydrachnellae und Porohalacaridae aus Österreich (mit 9 Textabbildungen). S 17.—

**1961 (S I Bd. 170):**

Abel E. F., Über die Beziehungen mariner Fische zu Hartbodenstrukturen (mit 5 Textabbildungen). S 170–24, S 47.–

Eiselt Josef, Neubeschreibungen und Revision siphonostomer Cyclopoiden (Copepoda, Crust.) von der südlichen Hemisphäre nebst Bemerkungen über die Familie Artotrogidae Brady 1880 (mit 18 Textabbildungen). S 170–29, S 82.–

Gozmány L., Zoologische Ergebnisse der Mazedonienreisen Friedrich Kasys. III. Teil: Lepidoptera: Gelechiidae. Eine neue Art der Gattung Eremica (mit 1 Textabbildung). S 170–28, S 5.–

Hannemann H. J., Zoologische Ergebnisse der Mazedonienreisen Friedrich Kasys. II. Teil: Lepidoptera: Scythridae (mit 4 Textabbildungen). S 170–27, S 8.–

Petrovitz Rudolf, Zoologische Ergebnisse der Österreichischen Karakorum-Expedition 1958. II. Teil: Coleoptera: Scarabaeidae (mit 12 Textabbildungen). S 170–5, S 17.90

Starmühlner Ferdinand, Eine kleine Molluskenausbeute aus Nord- und Ostiran (mit 1 Textabbildung und 2 Tafeln). S 170–4, S 14.70

Toll Sergiusz, Zoologische Ergebnisse der Mazedonienreisen Friedrich Kasys. I. Teil: Lepidoptera: Choleophoridae (mit 54 Textabbildungen und 1 Tafel). S 170–26, S 33.–

**1962 (S I Bd. 171):**

Beier Max, Zoologische Studien in West-Griechenland. X. Teil. Walter Klemm, Die Gehäuseschnecken (mit 1 Kartenskizze, 2 Abbildungen und 4 Tafeln) 171–7, S 55.–

Schedl Wolfgang Ein Beitrag zur Kenntnis der Pilzübertragungsweise bei xylomycetophagen Scolytiden (Coleoptera) (mit 16 Abbildungen) 171–19, S 39.–